工程地质野外教学资源探索与开发

王志荣　陈玲霞　著

黄河水利出版社
·郑州·

内 容 提 要

　　野外教学是工程地质课程巩固课堂理论知识、培养学生科研素养和实际工作能力的重要教学环节。50年来,郑州大学水利与环境学院充分利用河南省各类地质公园丰富而典型的野外地质教学资源,取得了很好的实践教学效果。作者根据多年的工程地质实践教学探索,提出了适合于建设工程类专业方向的地质实习的内容及方法。

　　本书选择河南省境内若干典型的地质公园与著名的旅游风景区作为研究对象,工程地质野外实习内容丰富且真实生动,可供大专院校建设类有关专业师生学习参考。

图书在版编目(CIP)数据

　　工程地质野外教学资源探索与开发/王志荣,陈玲霞著. —郑州:黄河水利出版社,2013.11
　　ISBN 978 - 7 - 5509 - 0593 - 1

　　Ⅰ.①工…　Ⅱ.①王…②陈…　Ⅲ.①工程地质 - 实习 - 教学研究 - 高等学校　Ⅳ.①P642

　　中国版本图书馆 CIP 数据核字(2013)第 268737 号

组稿编辑:王志宽　电话:0371 - 66024331　　E - mail:wangzhikuan83@126. com

出　版　社:黄河水利出版社
　　　　地址:河南省郑州市顺河路黄委会综合楼14层　　邮政编码:450003
发行单位:黄河水利出版社
　　　　发行部电话:0371 - 66026940、66020550、66028024、66022620(传真)
　　　　E - mail:hhslcbs@126. com
承印单位:河南省瑞光印务股份有限公司
开本:787 mm × 1 092 mm　1/16
印张:4
字数:92 千字　　　　　　　　　　　　　　　印数:1—1 000
版次:2013 年 12 月第 1 版　　　　　　　　　印次:2013 年 12 月第 1 次印刷
定价:18.00 元

前　言

　　工程地质是一门实践性很强的应用性学科。与工程地质有关的英语单词"Geotechnique"很早就已存在,最早出现在库仑于 1773 年写成并在 1776 年出版的著名土压力论文——《极大极小原理应用于建筑中的静力学问题》的末尾。Geotechnique 或 Geotechnical Engineering 在我国有几种不同的译法,如岩土工程、岩土技术、地质技术、地质工学和地质工程等。早期曾译为"土工学",在 20 世纪 50~60 年代曾出现过"土工汇刊",后译为"岩土工程"等。在我国发展初期,工程地质主要研究地壳区域稳定问题。刘国昌(1979)指出:"区域稳定,主要是由于地壳运动形成的地表水平位移、升降错动、褶曲以及地震等造成不同区域的安全程度;其次,是在特定的地质条件下形成的物理地质现象,如滑坡、震动液化、黏土塑流、岩溶塌陷、黄土湿陷等造成对不同区域的安全程度。"

　　经过长期的生产和科学实践,人们才逐渐认识到"工程地质学"这一术语的真正内涵,即工程地质是地质学的一个分支,是研究与工程规划、设计、施工和运用有关的一门应用性学科。它一般分为工程岩土学、工程地质分析学、工程地质勘察学、区域工程地质学与环境工程地质学五个组成部分。

　　由此可见,工程地质学主要是调查、研究、解决与各种工程建设有关的地质问题,也是一门涉及土木工程、水利工程、交通运输工程、采矿工程、市政工程、环境工程以及军事工程的专业基础课,应用极其广泛。它以地质学为基础,通过各种勘测手段对建筑场地的工程地质条件作出评价,为工程项目的选点、规划、设计及施工提供工程地质资料。工程地质工作的质量直接或间接影响着工程建筑的安全可靠性、技术可行性及经济合理性。在当前深入开展学习实践"科学发展观"的大好形势下,为拉动内需,促进国民经济又好又快发展,我国正在大力规划和建设高速公路、客运高速铁路、机场、水利水电等重大基础设施以及核电站、西气东输、城乡供水等重点工程。这些工程建设领域急需大量的工程地质专业人才或具有工程地质知识的其他专门技术人才。课堂教学、实验教学和野外实践教学是目前全世界高等学校培养建设工程类专业技术人才的三个重要环节,也是构成工科类院校学科体系和教学体系的关键三要素。其中,野外实践教学对巩固课堂理论知识,培养学生实际观察能力以及提高学生野外工作能力尤为重要。

作　者
2013 年 9 月

目　录

第一章　信阳南湾水库的地质实习资源

南湾水库位于河南省信阳市西南淮河支流浉河上,构造位置处于我国著名的秦岭—大别山构造带北麓前陆地区。晚古生代以来多期强烈的构造运动,造就了丰富的基础地质优质教学资源(如岩石、地层、构造),大型水利工程的建设与管理,涉及大量的不良地质现象(如滑坡、蠕变、崩塌、渗漏、不均匀沉降和泥化夹层)和防治措施。因此,20世纪60年代初,原郑州工学院水利系就利用与南湾水库管理局特殊的友好合作关系,建立了水利水电工程和农田水利工程的野外地质实习基地,为国家培养了大批水利人才。今天,经过几代人多年来对地质教学与科普资源的开发与研究,实习基地已形成了具有鲜明特色的野外教学方法与教学体系,成为郑州大学多个学科专业进行实践教学的理想场所。

一、工程及地质概况

(一)南湾水库工程概况

南湾水库位于河南省信阳市西南约8.5 km处,在淮河支流浉河上,有市内公共汽车直达水库,交通方便(见图1-1)。

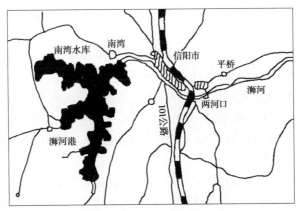

图1-1　南湾水库平面位置图

水库系1951年勘测设计,1955年建成。主体工程包括大坝、溢洪道、泄洪洞及电站,流域面积为1 100 km²,加固最大库容13.1亿 m³,最大坝高35 m,坝长743 m,坝型为黏土心墙砂壳坝。

溢洪道位于大坝左岸,进口底板高程为98.30 m,堰顶高程为98.60 m,宽26.4 m,全长约610 m,最大泄量1 446 m³/s。

泄洪洞位于大坝右岸,洞径3.5 m,全长236 m,最大泄量123 m³/s,为有压隧洞。电站装机4台,容量共为5 440 kW。灌溉面积112.4万亩❶。

---

❶ 1亩=1/15 hm²,下同。

南湾水库为防洪、灌溉、发电、养鱼、航运、城市供水等综合利用的大型水利枢纽工程，水库建成后，运行正常。

（二）坝址地质简介

1. 地层岩性

坝址区出露在地层，主要为震旦系——下古生界信阳群龟山组的一套浅变质岩系（$Z—Pz_1g$）：岩性主要为含砾结晶灰岩、碳质片岩、云母石英片岩、石英云母片岩、铁质云母片岩等，其次为中生界晚期侵入的火成岩体及第四系松散堆积物。

（1）信阳群龟山组（$Z—Pz_1g$）。

龟山组地层分七段。坝区出露的地层仅相当于其中的第三段、第四段和第五段的一部分，主要是第四段（$Z—Pz_1g^4$）。

根据岩性、矿物成分、含量、颜色、结构和构造，进一步将第四段（$Z—Pz_1g^4$）分成 13 小层。本次实习地点所出露的地层主要为①～⑦层。现将岩性由老至新分述如下：

①$Z—Pz_1g^{4-1}$：主要为灰白色、灰黄色、黄褐色的石英云母片岩与云母石英片岩互层，岩性坚硬、性脆、较为完整，分布于坝东发电厂附近，组成倒新背斜核部地层。

②$Z—Pz_1g^{4-2}$：灰黑色碳质绢云母片岩，分布于电厂附近的山麓公路上，岩性破碎，该层受侵入挤压倒转，并多次重复。

③$Z—Pz_1g^{4-3}$：石英云母片岩与云母石英片岩互层，岩性同 $Z—Pz_1g^{4-1}$。在电厂附近组成倒转背斜的两翼，在西岸只出露于溢洪道闸门附近。

④$Z—Pz_1g^{4-4}$：灰白色石英片岩（板岩），硅质含量较高、坚硬性脆、片理不发育，多呈块状。

⑤$Z—Pz_1g^{4-5}$：黄灰色云母片岩夹褐红色铁质云母片岩。

⑥$Z—Pz_1g^{4-6}$：褐红色铁质云母片岩，分布于坝东头附近。

⑦$Z—Pz_1g^{4-7}$：黄褐色、灰黄色云母片岩及云母石英岩。

①～⑦层的片理产状大致相同，但东南两岸有明显差别，东岸：走向为近东西方向，倾向南，倾角30°～45°；西岸：走向北60°～70°东，倾向南东，倾角25°～30°。

（2）火成岩（中生代晚期）。

坝区出露很少，只在东岸调压塔及西岸溢洪道附近见有很少量的流纹斑岩脉。沿 $Z—Pz_1g^{4-1}$云母石英片岩和 $Z—Pz_1g^{4-2}$碳质绢云母片岩之间的压性断裂呈东西向零星分布。

流纹斑岩呈灰白色，斑状结构，斑晶为长石和石英，长石斑晶多风化成高岭土，结构致密、坚硬、块状构造。该酸性岩脉的侵入时代为中生代晚期（见图 1-2）。

（3）第四系（Q）。

第四系松散主要为冲积－洪积层（Q^{al-pl}），分布于河床及阶地一带，厚度不均，一般为2～10 m。

坡积－残积层（Q^{el-al}）分布于山坡山麓一带，主要为黄褐色壤土夹碎石。

2. 地质构造

本区的区域构造属于纬向构造体系的秦岭—昆仑东南向复杂构造带的延伸部分，与淮阳山字形的前弧西翼衔接。由于受到山字形构造的干扰和新华夏系的影响使得构造变动十分强烈与复杂。但以东—西为主的构造体系仍然清楚，主要为 E—W 向和 NWW 向

图 1-2 电厂流纹斑岩岩脉

的巨大褶皱和压性断裂带所组成。

工作区位于南湾复向斜的北翼,即向南倾的单斜构造上(为东西构造带南亚带的组成部分)。由于受南北强大引力场的作用,在电站溢洪道闸门一带部分地形形成南倾北歪的倒转背斜以及一系列与之平行的叠瓦式压性断层,而南北向的张性断裂大部分比较短小。此外,还发育有顺河方向分布的平推断层,如坝址为 0+570~0+614 的 44 m 宽的断层破碎带即为上述几组断裂的交汇带。现按不同的构造形迹简述如下:

(1)褶皱构造(电厂—溢洪道闸门倒转背斜)。

东岸位于电站调压塔到静水池一带,轴向 NW280°,倾向 SE,倾角 40°左右。由 g^{4-1}、g^{4-2}、g^{4-3} 三层组成,核部为致密坚硬的 g^{4-1} 云母石英片岩及石英云母片岩组成。两翼为 g^{4-2} 软弱的碳质云母片岩及 g^{4-3} 云母石英片岩。由于受一系列压性仰冲断层的破坏,岩石比较破碎,且造成 g^{4-1}、g^{4-2} 地层的重复。火成岩体又沿着前期断裂侵入,使奔泻核心上部的 g^{4-2} 地层厚度变大。这是因为上下层位均属于坚硬而性脆的岩石,岩性软弱的 g^{4-2} 层在水平挤压下,向转折端产生塑性变形而引起的(见图 1-3)。

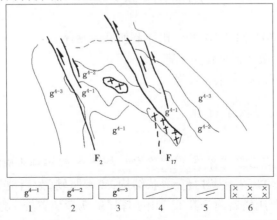

g^{4-1}	g^{4-2}	g^{4-3}	/	/	× × ×
1	2	3	4	5	6

1—云母片岩;2—碳质绢云母片岩;3—石英片岩;4—地层界线;5—压性断层;6—火成岩

图 1-3 倒转背斜素描图

西岸溢洪道附近的倒转背斜是东岸倒转背斜的西延部分,岩石组成同东岸,由于被边坡衬砌所覆盖,本次实习不能看到。

(2)断层。

坝区受多期构造运动的影响,断层极为发育,在坝址区 $1 \ km^2$ 的范围内发现大小断层 130 余条,其中以近东西向的压性断层最为发育,其规模也较大,常呈叠瓦式的层间错动形式出现。其次北西向和北东向分布的扭断层也较多。现将在本次实测地质剖面地段所出露的大断层以及对工程影响较大的顺河断层介绍如下:

①F_2 位于东岸电厂倒转背斜的北翼,在 g^{4-2} 与 g^{4-3} 的接触带上出露。宽度一般为 $1 \sim 4 \ m$,产状 NE30°,SE∠70°,上盘为碳质绢云母片岩,十分破碎,为层间压性冲断层。

②F_{16} 位于电厂倒转背斜南翼的 g^{4-2} 与 g^{4-3} 中,亦为层间压性冲断层。断层带附近岩石凌乱破碎,挤压揉皱现象明显。宽度约为 $0.3 \ m$,走向近东西向,倾向南,倾角50°左右。

③F_{17} 位于电厂倒转背斜南翼的 g^{4-1} 中(接近核部)。断层面不明显,由于仰冲使 g^{4-1}、g^{4-2} 在倒转背斜南翼重复出现,宽度 $1 \sim 3 \ m$,产状与 F_{16} 相同。

F_{16}、F_{17} 两断层之间的破碎带及影响宽度达 $30 \sim 60 \ m$,是贯穿东西两岸的大断层带。

以上三条断层是这次实测剖面测量中能够看到的大断层,由于断层规模大,层面具有舒缓波状的特性,因此在实测地点所测量的宽度与产状可能与指导书中的不同,希望读者们认真观察与测量,并以实测结果为准进行绘图。

④顺河大断层。

根据资料,在 $0+570 \sim 0+614$ 的原河槽的部位为 44 m 宽的断层破碎带,深及岩基以下 70 m。为 E—W 向压性断层和 NW310°~330°的扭断层以及 NE10°~20°的张性断层的交会处。特别是 NE10°~20°的张性断层($0+595 \sim 0+610$ 一段)与坝轴近于垂直,是坝下渗流的主要通道。在施工中已采取工程措施,效果良好。

在平面地质图上可以看出东西两岸的岩层有明显的推移现象,整个西岸向北推移,东岸相对向南推移,两岸产状也有变化,同学们在实习时应予注意观察。

(3)节理。

本区节理十分发育,但多为闭合裂隙,裂隙率为 1.5%,节理与断层走向大致一致,主要有三组:

①走向 NE60°~80°、NE20°~30°,扭性节理最为发育。

②走向 NW340°,扭性节理较为发育。

③走向 S—N,张节理,透水性较强。

二、基础地质实习教学资源

1. 典型的岩石资源

南湾地区三大类岩石发育齐全,但岩浆岩发育稀少,仅东坝头出露流纹斑岩岩墙侵入体(见图版Ⅰ-1)。流纹斑岩呈灰白色,斑状结构,致密坚硬,为当地具有高承载性状的良好岩石地基,水电站调压塔就建于其上。由于库区的构造位置处于造山活动带边缘,因此沉积岩出露同样很少,仅在实习区外围龟山脚下零星出露有震旦系的钙质粉砂岩(见图版Ⅰ-2)、泥岩和页岩(见图版Ⅰ-3),且大都已轻微变质,见少量片状石英与云母矿物,属沉积岩与变质岩的过渡类型岩石。两大类岩石如此亲密共生,在自然界实属罕见,从而使秦岭—大别山构造带成为研究地球物质运动与岩石变质的天然实验室。

南湾水库以出露大量变质岩为特点,而且种类齐全,有区域变质岩、接触热变质岩和动力变质岩。区域变质岩包括片岩(见图版Ⅰ-4)、板岩和千枚岩,其中灰黑色碳质绢云母片岩(见图版Ⅰ-5)是坝区的软岩,所构成的边坡常常蠕动变形,形成大片"醉汉林"(见图版Ⅰ-6);接触热变质岩包括红柱石角岩和绿泥石角岩;动力变质岩包括糜棱岩、断层角砾岩、碎裂岩和断层泥。

2. 神秘的地层资源

信阳南湾地区为典型的构造活动带地层,全区地层普遍变质,生物化石几乎绝迹,具有明显不同于板内(华北地区)相近时代地层的特殊性,其地层层位与时代归属问题几十年来一直争论不休,已成为我国地学界大地构造学与地层古生物学的探索前沿。

20世纪70年代以来,随着秦岭—大别山构造带研究热潮的兴起,许多地质单位(如原长春地质学院、中国地质科学院和河南省地质调查院)相继在信阳南湾一带展开工作,运用岩石地层划分方法,将出露在实习区附近的一套区域变质岩,定名为信阳群龟山组的第三段至第七段。按照大多数单位的意见,时代应定为震旦纪—晚古生代($Z—Pz_1g$)。最近,我们在信阳地区党校附近发现了震旦系沉积岩剖面,岩性由钙质粉砂岩(见图版Ⅰ-7)与泥岩、页岩(见图版Ⅰ-8)两层构成。通过与华北地台标准剖面的对比,初步确定地层时代应属震旦纪晚期。

3. 丰富的构造资源

南湾水库岩石变形强烈,褶皱、断裂等构造十分发育,尤其是节理构造在区内普遍发育,除发育少量张节理外(见图版Ⅰ-9),大都为剪节理(见图版Ⅰ-10),其特点是节理面平直光滑,产状稳定,有时切穿整个山坡。

断层构造以顺河大断层最为引人注目,根据勘探资料,在大坝0+570~0+614的原河床部位发育44 m宽的断层破碎带,深及岩基以下70 m。该破碎带为E—W向压性断层、NW310°~330°向扭断层以及NE10°~20°向张性断层等三条断层的交会处。特别是NE10°~20°的张性断层(0+595~0+610一段)与坝轴近于垂直,在平面地质图上可以看出东西两岸的岩层有明显的推移现象,整个西岸向北推移,东岸相对向南推移,两岸产状也有变化,电厂东侧至今仍然保留有断层崖与断层三角面等地貌特征(见图版Ⅰ-11)。东坝头剥离断层,下降盘虽已被库水淹没,但断层面及断层面上的摩擦镜面和擦痕依然清晰(见图版Ⅰ-12)。

褶皱构造主要有电厂倒转背斜、东坝头向斜和水上运动中心短轴状褶皱构造。东坝头向斜位于东坝头正断层上盘,由断层相对运动拖曳形成。水上运动中心短轴状褶皱构造属层内褶皱构造,有背斜(见图版Ⅰ-13)和向斜(见图版Ⅰ-14),规模较小,在剖面上迅速尖灭。

以上野外教学能培养学生观察地质现象、探索自然现象和分析地质问题的基本工作方法和技能,使学生真正把握课堂学习的工程地质知识理论,逐步提高应用地质原理解决工程实际问题的能力。

三、工程地质实习教学资源

地质灾害是指自然产生和人为诱发的,对人民生命财产和安全造成危害的地质现象。针对水利水电工程及道路桥梁与渡河工程的专业特点,南湾水库工程地质实践教育必须引导学生牢固树立工程地质服务于工程建设的思想,深入了解地质条件对工程建设的影响,初步掌握各种地质灾害的防治措施。实习区具有罕见的不良地质现象,现分述如下。

1. 岩质边坡的变形破坏

坝西头溢洪道两岸均发育龟山组的石英云母片岩,西岸入水口岩石的结构面(主要为层理与片理)与坡面的产状完全一致,因此风化后松弛张裂现象严重,导致边坡水土流失从而影响坡底溢洪道的泄洪能力,针对以上地质情况,南湾水库管理局采取坡面喷浆治理措施,水土流失得到有效遏止(见图版Ⅰ-15)。

此外,闸门附近两岸各发育一个滑坡。东岸滑坡规模较小,滑动面由两组断层结构面组成,滑体长 22 m,高 14 m(见图版Ⅰ-16)。西岸滑坡规模较大,滑体长 52 m,高 76 m,由南北两个次级小滑坡构成,为保证溢洪道的正常泄洪和闸门的安全运行,南湾水库管理局对西岸边坡实施人工放坡,总计土石量达一万余方(见图版Ⅰ-17)。以上两个滑坡的岩性均为坚硬的石英云母片岩,产生原因均为两组不同产状的断层切割所致。

2. 坝东头大型断层带软岩

根据南湾水库管理局提供的资料,在坝轴线 0 + 570 ~ 0 + 614 的原河槽部位,发育宽44 m 的断层破碎带,深及岩基以下 70 m。经区域资料分析,该处为东西向压性断层与南北向张性断层的交会处。特别是南北向顺河张性断层的 0 + 595 ~ 0 + 610 一段与坝轴近于垂直,导致东西两岸的岩层有明显推移现象,整个西岸向北推移,东岸相对向南推移。在东岸电厂附近,至今仍清晰保留有断层崖、断层三角面等地形标志。

该断层破碎带极其软弱,岩性为碎裂岩与断层泥,局部呈豆腐渣状,是南湾水库最为严重的不良地质现象,对土石坝枢纽工程造成严重安全隐患。1951 年开挖地基发现后,大坝被迫重新设计,导致十万民工下山撤出工地,工期延误一年多。由此可见,忽视地质问题会给国家带来巨大的经济损失和资源浪费。

3. 东坝肩节理岩体与泥化夹层

东坝肩 Z—Pz_1g^{4-5} 云母片岩中发育大量闭合状剪节理,裂隙率为 1.5%,最大线密度为 12 条/m,经多年来的节理实测与统计,坝区主要有三组节理:①走向 NE60° ~ 80°和NE20° ~ 30°剪节理最为发育;②走向 NW340°的剪节理较为发育;③走向 SN 的张节理少量发育,但透水性强,是坝肩的主要渗漏通道。

此外,大坝上游距坝轴线 30 m 处发育宽约 10 cm 的泥化夹层。该软层呈黄褐色,性极软,锤击甚至手抓即破碎,野外遇水后迅速呈糨糊状。产状为 178°∠35°,倾向上游,上部较陡而下部转缓(见图版Ⅰ-18)。

4. 库区边坡的蠕变与崩塌

软岩具有较大的流变性,因此边坡破坏方式为长时间的蠕变。电厂附近的 Z—Pz_1g^{4-2}碳质绢云母片岩是本区罕见的软岩,由其构成的山坡变形严重,长有大片"醉汉林"。

边坡崩塌也是一种常见的地质灾害,一般发生于山区地势陡峻部位,岩石多为坚硬的刚性块裂岩体。南湾水库东山口附近的边坡崩塌发育于极其坚硬的 $Z—Pz_1g^{4-9}$ 石英片岩中,最大的崩落体一般为 $4\sim5$ m^3,是松弛张裂和重力滑动长期作用的结果(见图版 I-19)。

5. 溢洪道的河床冲刷

河床冲刷是水利工程经常遇到的工程地质问题,尤其在电站、溢洪道挑流消能部位。一般来说,为了防止上下游巨大的水位差产生的动水压力,对河床及两岸的岩体要求甚严。块状、厚层状的岩体是首选部位,南湾水库溢洪道泄洪挑流位于 $Z—Pz_1g^{4-3}$ 硬岩和 $Z—Pz_1g^{4-2}$ 软岩交界处。巨大的水流冲击在河床已形成一个深坑,严重威胁溢洪道及两岸的岩体稳定(见图版 I-20)。

6. 泄洪洞洞口围岩稳定

南湾水库原泄洪洞始建于 1953 年,设计流量已远远不能满足目前防洪要求。2009年,国家为应对国际金融危机,积极拉动内需,投入大量重大基础设施建设专项资金。在这种新形势下,南湾水库管理局决定沿龟山山脚,在老泄洪洞内侧重新施工一条供泄洪与发电用途的傍山隧道。

新泄洪洞位于东坝头龟山脚下,大致呈南北向,属南湾水库除险加固三期工程(见图版 I-21)。众所周知,洞口施工是地下硐室施工的关键,关系到整个泄洪洞工程的安全施工与日常使用。下游北洞口布置在云母片岩弱风化带中(见图版 I-22),地质条件简单,围岩稳定,因而采用简单的自然洞口施工方法(见图版 I-23)。受地形限制,上游南洞口正好布置在一冲沟冲积层或强风化岩内,岩性极其松软破碎(见图版 I-24),造成边坡支护与洞口施工困难(见图版 I-25)。为确保洞口施工安全,不得已采用人工洞口施工方法(见图版 I-26),仰坡加固喷射混凝土及洞口泵送混凝土工程量增加 500 m^3,投资增加约 100 万元,工期延长 90 d。可见,场地地质条件直接决定建设工程的投资规模。

四、科普地质学术教学资源

随着全球气候变化逐渐被人们所认识,国际社会应对环境恶化的共同意愿越来越强烈。毋庸置疑,当前的地球生态系统正面临大气 CO_2 浓度快速增加、地球温室效应日趋明显、海平面上升、地球异常气候渐趋频繁、生物多样性剧减等问题,已严重威胁到人类生存和自然资源的可持续发展。研究地球资源与环境的现状,预测其可能的变化趋势,探索其对生态系统的影响,以达到尽量使其保持可持续发展的目的,成为当今联合国和各国加强研究的最核心的科学问题之一。要达到这个目的,最有效的方法之一就是"以古示今"——研究地史时期的地质事件,从地质历史里寻找可供比较的地球生态系统的演化和发展趋势。

地球历史上曾多次出现过气候异常的时期,比如 5 500 万年前,地球的平均气温迅速上升了 9 ℃,成为了地球历史上最热的时期之一;21 万年前,北美和欧洲的大部分地区被厚达 2 km 的冰层覆盖,并且导致海平面下降了 120 m 之多……。而地球历史上最极端的气候时期,很可能属于 6 亿或 7 亿年前震旦纪的"雪球地球"。

2010 年 3 月 5 日的《科学》杂志刊登了美国哈佛大学的地球学家麦克唐纳(Macdon-ald)与其合作者的一项研究。在这项研究中,他们对加拿大的一些夹在冰川沉积物之间的火山灰进行了精确的同位素定年,认定这些冰川沉积物是大约在7.16亿年前沉积的,通过进一步的对比,他们还确定在7亿多年前这些沉积物并不像今天这样接近北极圈,而应该在赤道附近,也就是说当时的冰川来到了赤道附近。这无疑为"雪球地球"的假说提供了新的地质学方面的支持。

早在1964年,剑桥大学的地质学家哈兰德(Walter B. Harland)就对全球范围内6亿~8亿年前的新元古代的冰川沉积物进行了研究,他指出在全世界各个大洲都有这个时期的冰川沉积物,比如澳大利亚、阿曼、北美、非洲和中国南方等,说明这一时期的冰川可能是全球性的。哈兰德同时还通过简单的地磁学分析指出,这样的冰川可能推进到赤道附近。但是在当时,古地磁学的研究方法还不完善,板块运动学说也刚刚被接受,因此他的学说并没有获得广泛的支持。在我国南方,老一辈地质学家也注意到了这一时期的冰川沉积物,刘鸿允先生就曾建议将这一冰期事件称为"华南大冰期"。

经过更多的细致研究和证据挖掘,科什温克于1992年首次提出了"雪球地球"假说,认为在6亿~8亿年前的新元古代,曾有全球性冰期作用一直推进到赤道附近的海平面,这意味着地球变成了一个名副其实的"冰雪之球"。1988年,哈佛大学的霍夫曼(Paul F. Hoffman)教授和他的合作者们进一步发展了"雪球地球"假说,认为"雪球地球"时期的海洋都会被冰冻,冰盖一直推进到赤道附近,冰盖的平均厚度能达到1 km,全球气温下降到零下50 ℃左右。这样的严酷气候能够持续数百甚至上千万年。

河南信阳南湾水库处我国秦岭—大别山构造带北麓,是我国南北地质分界线集地质地貌景观、水体景观及地质工程景观于一体的著名风景旅游区。目前,区内发现代表新元古代末地质冷事件的大陆冰川沉积(见图版 I-27),从而把同学们带进遥远而寒冷的"震旦纪公园"。据实地测绘及编录揭示,冰积层厚度一般为30~40 m,其中顶层相对较薄,厚度0~10 m,从上至下可分①、②、③三层。

第①层:该层中、上部以灰—灰黄色块碎石土为主,块状,一般厚度1~4 m,块碎石成分单一,以钙质砂岩和砂质灰岩为主,粒径一般150~200 cm,个别孤块石直径达250~300 m,呈次棱—棱角状。孔隙中局部充填黄褐色泥沙,分选良好。

第②层:灰—灰黑色碎石土,厚度一般为3~4.5 m,碎石成分为灰黑色砂质灰岩,粒径多小于10 cm,呈次棱—棱角状。该层分布范围有限,连续性差,但结构密实,未见明显显示擦划特征的擦痕、擦槽、镜面、颗粒定向排列现象。

第③层:下部漂卵石层(见图版 I-28),厚度0.5 m,漂卵石成分以钙质砂岩、灰岩、砂岩灰岩为主,粒径10~20 cm,灰黄色中细砂充填。上部为块石层,厚0.5~2 m,成分同样以钙质砂岩、灰岩、砂岩灰岩为主,个别孤块石直径达50~100 cm,见明显显示擦划特征的擦痕、擦槽、镜面。根据冰积层中残留的冲积漂卵石、颗粒内部的风化裂隙以及清晰的岩层层面与产状,分析判断为地史时期的大陆冰川沉积。

南湾水库古老变质岩系中保存的"大陆冰川沉积"地质遗迹,证实了古板块碰撞带同样存在神秘的"雪球事件",十分罕见且十分宝贵,我们呼吁有关部门予以保护。这一发现,对研究全球 Rodinia 超大陆的聚合事件、环境演化以及事件之一的秦岭洋盆的运动特征都有着极其重要的科学价值。毫无疑问,中国东部南、北大陆自太古代以来的相互作用所引起的一系列地质事件(尤其是新元古代末期的全球性"雪球事件"),必然在地层的岩石变形、构造物理性能和物质成分变化方面留下深刻的痕迹,使信阳南湾地区成为"造山带"研究前寒武纪地质灾变及其环境演变的天然理想场所。上述科学问题的研究进展,对于揭示华北地台对 Rodinia 超大陆聚合－离散事件的响应以及相应地质灾变事件的成因、探讨地质灾变对环境的影响、恢复豫南乃至华北地区太古代以来的构造动力学过程均具有重要科学探索价值。

五、结束语

实践出真知,实践就是培养求实的精神,而求实的精神则是探索自然奥秘、追求科学真理的基础。信阳南湾水库丰富的、立体的、多层次的优质野外教学资源,具有课堂上理论知识无法比拟的实践价值,能够锻炼学生的观察能力、地质思维能力和实际操作能力。而罕见的科普资源,就像春天的细雨,也必将滋润学生求知的心灵,从而激发出科学的智慧与灵光,发挥其应有的学术价值。

第二章 嵩山世界地质公园的地质实习资源

　　嵩山位于河南省西部登封市境内,是我国著名的五岳之一——中岳。嵩山人文景观众多,计有十寺、五庙、五宫、三观、四庵、四洞、三坛及宝塔270余座,为历史上佛、儒、道三教荟萃之地,闻名于世的少林寺便深藏于嵩山的怀抱。2004年2月13日,嵩山被联合国教科文组织评为全球第一批世界地质公园,我国获此项殊荣的,在当时仅有八家。2010年8月1日,联合国教科文组织第34届世界遗产大会审议通过,将中国登封的“天地之中”历史建筑群列为世界文化遗产。从此,古老的中原大地首次增添了一处兼具自然与人文珍稀遗迹的“圣地”。

　　嵩山的大地构造位置处于华北古陆南缘,是我国构造稳定区与活动区的过渡地带。公园内三大类岩石发育齐全,而且连续完整地出露35亿年以来太古代、元古代、古生代、中生代和新生代五个地质历史时期的地层,被地质界称为“五代同堂”。园区至今清晰地保存着代表三次前寒武纪全球性地壳运动的地层角度不整合面,即发生在距今23亿年的嵩阳运动、18.5亿年的中岳运动及5.7亿年的少林运动。中岳运动塑造了嵩山地区的结晶基底,为风化剥蚀作用提供了物质条件;燕山运动奠定了嵩山地区的构造骨架,为原始地貌格局提供了雏形。喜马拉雅运动加剧了嵩山不断隆起与剥蚀的矛盾运动。断层破碎带、密集的构造节理以及软弱层在外力作用下,形成众多宽窄、深浅不同的峡谷;嵩山主峰地区的玉寨山、峻极峰、五指岭、尖山等,多为产状直立的石英岩组成,经过漫长的风化剥蚀作用,使诸峰在海拔400 m标高处拔地而起,立壁千仞,险峻清秀,奇峰异谷遍布全区,形成独特的地形地貌景观。可以说,嵩山世界地质公园为探索与开发地质地貌的野外教学资源、科普教育资源乃至学术研究资源提供了天然实验室。

　　嵩山世界地质公园除赋存上述人文地理景观和珍稀的基础地质遗迹外,尚发育大量不良地质现象以及珍贵的史前地质信息,同样是工科类院校或专业(如土木工程、水利工程、交通工程、地理信息工程)进行野外实践教育的理想场所。今天,工程地质教学资源以及学术地质教学资源与基础地质教学资源一起,构成了嵩山世界地质公园完整的、立体的、多层次的野外教学体系。本书试图从工程地质、水文地质及环境地质角度,对嵩山世界地质公园的野外教学资源进行挖掘与探索。

一、地质概况

(一)地形地貌

　　实习区地势为西北高,东南低;南北高,中间低。海拔在217.4~1 512.4 m。近东西走向的中岳嵩山和箕山分别是白将河与颍河南北一极分水岭。君召乡东部的火龙庙至吕岗一线为白将河的东西分水岭。景店、马鸣寺、新村一线为颍河与双洎河的分水岭。

　　西北部上升强烈,地质营力以构造侵蚀为主,山坡陡峻,沟谷深切,相对高差大。根据地貌形态特征、成因类型及现代地理地质作用将勘察区划分为构造侵蚀中低山地形、侵蚀丘陵地形、山前槽谷堆积地形等三种地貌类型。

1. 构造侵蚀中低山地形

构造侵蚀中低山地形主要分布于实习区的南部和北部,包括嵩山和箕山山脉。面积约 400 km²,山脉走向近东西向。地层出露主要为元古界片岩、震旦系石英岩及下古生界碳酸盐岩和碎屑岩等。高程 600~1 500 m,以箕山和玉寨山为最高,高程分别为 1 440 m和 1 512.4 m。相对高差 300~1 000 m。由于河流侵蚀下切作用强烈,常形成断面为"V"字形的沟谷,谷深坡陡,一般坡角为 40°左右,断崖绝壁随处可见。山脊呈锯齿状,沟底狭窄,纵坡降大,溪流湍急,常见跌水陡坡、悬谷及坡面切谷有碳酸盐岩岩溶发育,形成溶石柱、溶洞等地貌景观。

2. 侵蚀丘陵地形

侵蚀丘陵地形分布于登封告成、大治乡一带及中低山地形的前缘。地层出露有寒武、奥陶系及石炭系的灰岩和二叠系碎屑沉积岩。高程介于 350~600 m,相对高差 200~250 m。分水岭平缓,沟谷中多为第四系沉积物,植被稀少,常见单面山及山间小盆地。

地形形态受地层岩性影响明显,一般在区内灰岩及砂岩呈正地形,泥质岩形成低凹的负地形。在灰岩分布的地区常形成园山秃丘,发育有落水洞,溶洞,溶槽等;坚硬的砂岩多形成猪背岭、斜山脊;泥质岩形成的沟谷多呈"U"字形,纵坡降小。

由于地壳升降时间的间歇性,在高程 300~380 m、420~480 m、520~660 m 形成三级剥蚀面。

3. 山前槽谷堆积地形

山前槽谷堆积地形分布于实习区中部颍河河谷,走向近东西,面积约为 152 km²。高度有别,颍阳—石道高程为 450~550 m,大全店—登封县城为 400~480 m,芦店—唐庄为380~430 m,河谷两侧零星可见基座阶地(见图 2-1)。上游可见基座阶地,界面坡度 2°~3°,沉积物为冲积—洪积的碎石、卵石(见图 2-2)。

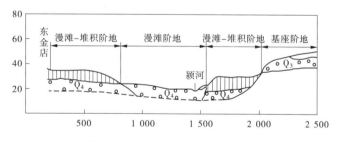

图 2-1 登封颍河河谷阶地示意图

(二)气象水文

实习区的气候属大陆性半干旱亚湿润气候带,特点是冬春干旱,夏秋湿润,降雨多集中在 7、8、9 或 6、7、8 三个月,曲线呈山峰形,约为全年降水量的 50%以上。据登封气象站近 21 年观测统计,年平均降雨量 606.2 mm(见表 2-1)。

(三)地层

登封世界地质公园的地层分区属华北地层区,具有变质基底和沉积盖层的二元结构。嵩箕构造区基底由太古界登封群和下元古界嵩山群组成。全区除缺失晚奥陶世—早石炭世地层外,出露有前寒武纪—第四纪的所有地层(见表 2-2)。

(a)碎石层 (b)卵石层

图 2-2 登封颖河阶地混杂堆积

表 2-1 登封地区大中型水库统计结果

水库名称	所在河流	控制面积（km²）	总库容（万 m³）	兴利库容（万 m³）	死库容（万 m³）	实际灌溉面积（万亩）
白沙	颖河	985	29 500	6 600	2 200	23
纸坊	泉河	58	1 800	595	30	2.5
券门	白坪河	44.8	1 718	703	128	1.7
少林	少阳河	41	1 180	744		1.6
合计			34 198	8 647		28.8

注：白沙水库正常蓄水位 221 m，其他水库无资料。

表 2-2 豫西地层划分及岩性特征统计

界	系	统	组	符号、接触关系	厚度（m）	岩性
新生界	第四系			Q	0 ~ 1 500	冲积物、粉砂、亚黏土、夹砂、砾层
	新近系			N	0 ~ 500	杂色砾岩、砂岩和砂砾岩
	古近系			E	0 ~ 2 500	红色砾岩、砂岩和砂砾岩
中生界	白垩系			K	0 ~ 330	紫红、灰白色凝灰质砂岩、砾岩
	侏罗系	上统		J_3	0 ~ 450	红色砾岩
		中统	马凹组	J_2	0 ~ 200	棕红、灰绿色、含火山碎屑的砾岩、砂岩
		中统	义马组	J_2	0 ~ 127	灰黄色砂岩、泥岩夹煤层、底部为砾岩层
	三叠系	上统	延长群	T_3	>1 500	中、下部为红色砂岩、泥岩，上部为黄、灰色砂岩、泥岩夹炭质泥岩
		中统	二马营群	T_2	340	红色砂岩、泥岩层
		下统	圈门群	T_1^3	500	下部为红色厚层砂岩（金斗山砂岩，厚70 ~ 110 m，上部为红色砂、泥岩互层）
			土门组	T_1^2	300	杂色砂、泥岩，又称"过渡层"
			平顶山组	T_1^1	80	灰白厚层中－粗粒砂岩（平顶山砂岩）

界	系	统	组	符号、接触关系	厚度(m)	岩性
古生界	二叠系	上统	上石盒子组	P_2^1	310~580	灰、黄色砂、泥岩夹煤层,由下而上分五、六、七、八、九煤组,各煤组底部均有分界砂岩。共含煤几十层,绝大多数不可采,仅平顶山地区四、五煤组中含重要可采煤层
		下统	下石盒子组	P_1^2	65	灰黄色砂、泥岩夹薄煤,含煤数层,均不可采。本组地层含"三煤组"、"四煤组"
			山西组	P_1^1	37~38	称"二煤组",以砂、泥为主,含煤数层,靠近底部二₁煤平均厚 5 m,全区发育,为主要可采煤层
	石灰系	上统	太原组	C_3	25~115	灰岩与夹薄煤层的砂、泥岩互层。下部一₁煤层局部可采
		中统	本溪组	C_2	0~87	褐铁矿(山西式铁矿),铝土岩层
	奥陶系	中统		O_2	0~150	底部为页岩,余为灰色岩(马家沟灰岩)
	寒武系	上统		ϵ_3	189~409	白云质灰岩、白云岩、含燧石白云质灰岩,下部为泥岩夹泥质灰岩
		中统		ϵ_2	300~520	上部为含泥质条带鲕状灰岩,白云质灰岩,下部为泥岩夹泥质灰岩
		下统		ϵ_1	100~480	下部为砂、砾岩,上部为紫、黄绿色页岩夹薄层灰岩
上中元古界	震旦系		罗圈组	Zz_2l	0~150	冰积泥砾,含冰积砾石泥岩
	青白口系			Zq	0~400	砂、泥岩、泥灰岩和厚层灰岩
	蓟县系		五佛山群	Zj	70~830	下部为砾岩、砂砾岩;上部为砾岩、砂岩(马鞍山砂岩)
下元古界			嵩山群	Pt_1	2 000	石英岩、片岩
太古界			登封群	Ar	2 500	片麻岩、角闪片麻岩、混合岩和片岩

实习区属于华北地层区的嵩山、箕山小区。地层发育完整,其沉积条件与分布规律均受纬向构造带控制,并经历了多期构造运动的影响。现由老到新简述如下。

1. 太古界

太古界在区内只有登封群郭家窑组出露,分布于登封县城西北,岩性以黑云母斜长片麻岩为主,变质程度深,风化强烈,风化裂迹发育,出露厚度 1 145 m。

2. 下元古界

根据岩性特征及沉积旋回分为嵩山组(Pt_1s)、五指岭组(Pt_1w)、庙坡组(Pt_1m)及花裕组(Pt_1h),分布于嵩山、箕山背斜轴部,与下伏太古界呈角度不整合接触。

嵩山组下段为巨厚层状中细粒石英砂岩,底部夹数层层间砾石,厚 155 m,上段为粗粒石英岩,厚 203 m。五指岭组下部褐黄色石英岩夹绢云母片岩,厚 123.86 m;中部千枚状绢云母石英片岩,局部夹灰白色白云质大理岩,单层厚度可达 20 m 以上,岩溶发育,有一定供水意义,厚 304 m;上部为绢云母石英片岩夹杂色石英岩及磁铁矿层,局部夹大理岩,风化强烈,裂隙发育,厚 310 ~ 1 125.13 m。庙坡组以杂色石英为主,产玉石及天然油石,厚 395 m。花峪组为紫红色、杂色千枚状绢云石英片岩,厚 328 m,中上部灰黄绿色、土黄色长石石英砂岩与紫红色泥岩互层;下部为黄绿色、灰黄色中细粒砂岩夹黄绿色泥岩,含煤线,出露厚度 751.39 m。

3. 上元古界

震旦系马鞍山组(Z_3m),区内分布广泛,岩性为肉红色细至中粗巨厚石英砂岩,底部含砾,厚 126 m,与下伏下元古界呈角度不整合接触。

4. 下古生界

1) 寒武系($\in$)

(1) 下统($\in_1$)。分布于嵩、箕山两侧,分为辛集组($\in_1^1$)和馒头组($\in_1^2$)。与下伏地层呈不整合接触,常超出元古界各地层之上。

岩性底部可见砂砾岩,下部为厚层蓝灰色含燧石团块的灰岩;上部为紫红色、灰绿色含钙质泥岩夹薄层灰岩,厚度 100 ~ 233 m。

(2) 中统($\in_2$)。分为毛庄组($\in_2^1$)、徐庄组($\in_2^2$)、张夏组($\in_2^3$)。毛庄组岩性以紫红色砂质泥岩为主。徐庄组上部为薄层状鲕状与竹叶状灰岩、泥质条带灰岩,岩溶发育;下部以黄绿色页岩夹薄层灰岩。张夏组为灰色厚层鲕状灰岩、白云质灰岩,岩溶较发育,厚度 200 ~ 447 m。

(3) 上统($\in_3$)。分为固山组($\in_3^1$)和长山组($\in_3^2$)。固山组岩性深灰色厚层细鲕状白云质灰岩,网状裂隙发育;长山组为灰黄色薄层状或板状泥质灰岩,层面岩溶裂隙发育,厚度 223 ~ 252 m。

2) 奥陶系马家沟组(O_2)

奥陶系马家沟组(O_2)分布于告成、芦店以东的嵩、箕山两侧。岩性为蓝灰色致密厚层状灰岩夹角砾状灰岩,质纯、性脆,岩溶发育。底部为灰黄色薄层状泥灰岩,厚度为 28 ~ 43.6 m,与下伏地层呈平行不整合接触。

5. 上古生界

1）石炭系（C）

石炭系（C）分布于嵩、箕山山前斜坡前缘地带，为区内含矿（铝、煤）层位。上统太原组出露稳定，中统本溪组较薄，故一般与上统合并表示为（C_{2+3}）。本溪组岩性为铝土质泥岩夹铁铝矿层。太原组为一套海陆交互沉积的含煤建造，上、下部主要为深灰色厚层燧石灰岩加砂质泥岩及煤层，中部为灰色砂质泥岩、砂岩夹透镜状石灰岩。石灰岩共八层，厚度占太原组总厚的46%～50%，岩溶发育，总厚54～110 m，一般厚78 m，与下伏地层呈平行不整合接触。

2）二叠系（P）

二叠系（P）分布于实习区的低山丘陵区，是主要的含煤地层，与下伏地层整合接触。

（1）下统（P_1）。分为山西组（P_1^1）和下石盒子组（P_1^2）。山西组岩性为灰色泥岩，灰色中组粒长石石英砂及煤层组成，顶部具有少量紫斑。其中二$_1$煤层全区发育，普遍可采，下石盒子组上部砂质泥岩，局部含紫斑。下部为灰色中组粒砂岩，总厚100～200 m，一般厚150 m。

（2）上统（P_2）。分为上石盒子组（P_2^1）、平顶山岩组（P_2^2）、石千峰组（P_2^3）。上石盒子组岩性为灰绿色泥岩、中细粒砂岩和薄煤层。平顶山砂岩组为灰白色厚层细—粗粒长石石英砂岩。石千峰组岩性下部为灰黄色砂岩；中部为杂色泥岩夹数层砂岩，砂岩层理构造明显，局部为大型斜层理和板状交错层理；上部为青灰色砂岩夹砾屑灰岩，总厚859 m。本次野外地质实习实测剖面的目标层即为石千峰组中段一至八层（S^{2-1}—S^{2-8}）。

6. 中生界

实习区内仅见三叠系地层（T），分布于登封市大金店至芦店、景店一带，与下伏地层呈整合接触。

1）下统圈门组（T_1）

上部为紫红色、砖红色中粗砂岩与泥岩互层；中部紫红色细砂岩夹薄层砾屑灰岩；上部紫红色中细粒石英砂岩与泥岩互层，厚度602 m。

2）中统二马营组（T_2）

灰黄色、黄绿色石英长石中细粒砂岩夹粉砂岩、页岩，厚341 m。

3）上统延长组（T_3）

灰黄色中细粒长石、石英砂岩夹黄绿色泥岩，含煤线，厚度大于51 m。

7. 新生界

1）第三系（R）

（1）下第三系陈寨沟组（E）。分布于告成一带，岩性为砖红色厚层状细至中粒长石石英砂岩与砂质泥岩互层，底部为砾岩，与下伏地层呈不整合接触，出露厚度0～1 100 m。

（2）上第三系洛阳组（N）。区内零星分布，为一套冲积、湖积相的褐黄、灰白色泥质灰岩夹砂质泥岩、粉砂岩薄层，与下伏地层呈超覆不整合接触，厚度0～47.5 m。

2）第四系（Q）

第四系地层广泛分布，尤以山前地带和丘陵地区，与下伏地层呈超覆不整合接触。

（1）中更新统洪、坡积物（Q_2^{pl+dl}）。分布于山前地带及丘岗地区，岩性为褐红色粉砂质亚黏土、黄土状亚砂土,夹多层砾石。疏松,五分选性,砾石成分以石英砂岩为主,厚 $0 \sim 46.6$ m。

(2)上更新统(Q_3)。(Q_3^{pl+dl})冲、洪积物,分布于颍河两侧二级阶地,上部为黄土状亚砂土,厚 $5 \sim 10$ m,灰黄色含钙质结核,具大孔隙及直立性;下部为卵、砾石,成分以石英砂岩为主,分选性中等,粒径 $5 \sim 10$ cm,总厚 $13 \sim 36$ m。

(Q_3^{pl+dl})坡、洪积物,分布于告成等地,岩性下部为中亚黏土及轻亚黏土,结构疏松;上部为亚砂土及亚黏土互层,垂直节理发育,含钙质结核和砂砾石镜透体,厚 $1.5 \sim 15$ m。

(3)全新统(Q_4)。下全新统(Q_4^1)构成颍河河谷一级阶地,岩性为黑灰色亚黏土,厚约 2 m。上全新统(Q_4^2)分布于颍河、双泊河等河漫滩地带,上部为浅灰黄色轻亚砂土;下部为粉砂和砂、卵石,局部为漂砾石。疏松,孔隙大,导水性很强。

(四)侵入岩

区内侵入岩主要为元古代时期形成,分布于登封城西至五指岭一带,呈岩脉及岩墙产出的基性岩有辉绿岩、辉长岩、斜闪煌斑岩;呈岩基产出的有酸性中粒黑云母花岗岩,长约 20 km,宽约 2.5 km,风化强烈,裂隙发育,风化物呈粗砂或砂砾状。

(五)构造

实习区区域地质构造位于昆仑—秦岭纬向构造带的北支东段。北部嵩山背斜,南部箕山背斜和中部颍阳—芦店向斜大体均呈东西走向,是主体构造。其中断裂较发育,以正断层为主,伴有少数逆断层。按照断裂构造的方向分为北西向、北东向、东西向三组,其中以近东西向为主,北西向和北东向次之(见图 2-3)。

现将实习区内主要褶曲及断层简述如下。

1. 褶曲

(1)嵩山背斜。位于登封县北部,背斜轴体呈东西向,轴部是驰名中外的旅游胜地中岳嵩山,由太古界变质岩至三叠系地层组成。受嵩山、五指岭等北西向断层的影响东部背斜轴偏转为北东向。

(2)箕山背斜。位于登封县南部,由密腊山—小洪寨背斜和荟萃山—凤后岭背斜组成。轴部为太古界、元古界地层,向东倾斜。南北两翼被断裂切割成阶梯状和菱形块状。

(3)颍阳—芦店向斜。在东金店以西,向斜近东西向,以东渐偏转为北东向,南翼宽缓,北翼狭窄,不对称,轴部出露三叠系和第三系紫红色碎屑岩层。

(4)白沙向斜。位于箕山背斜南翼,基本上为一掩埋型褶皱,由于受南北向构造的影响,其轴向呈北西向,向东南倾斜,大都为松散层覆盖,两翼均有古生界地层出露,地层倾角 $10° \sim 30°$。

2. 断层

(1)月湾断层。西起伊川县吕店,经月湾东至新密市煤井沟,全长 50 km,断层走向近东西向,倾向南,倾角 $70°$,局部直立,为高角度正断层,下盘太古界、元古界变质岩及元古界花岗岩与上盘古生界、中生界地层接触,断距西大($3\ 000$ m)、东小($1\ 000$ m),断层破碎带宽 $20 \sim 100$ m。

(2)王屯断层。东起吴羊沟,经石羊关、庙庄、王屯至李楼插入寒武系地层,延展长度大于 13 km。断层走向在辘辘坝以西为北东 $65°$,以东为北东 $35°$,倾向北西,倾角 $70°$,局

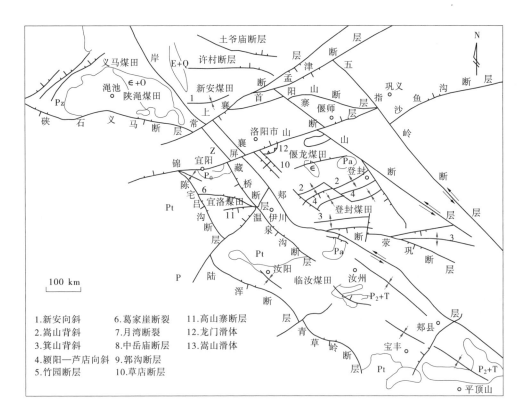

图 2-3　登封地质构造纲要图(张建奇等,2005)

部直立的正断层。在庙庄一带下盘为 ϵ_3、O_2、C_3 碳酸盐岩地层,上盘为 P_1^2 和 P_2^1 砂泥岩碎屑地层,断距 800~1 000 m,断层破碎带宽 10~50 m,富水。在石羊关、老妮坟一带有泉溢出。

（3）龙泉寺断层。北起龙泉寺沟,南至龙沟村北,长 2.5 km。断层走向北东 30°,倾向南东,倾角 70°,据 5702、5803 孔揭露断层倾角向深部变缓为 40°,为西升东降的正断层。地表龙泉寺一带见到宽 10~20 m 的断层破碎带,导水,在平顶山砂岩(P_2^2)破碎带处有上升泉涌出,断距 80~250 m,自南向北断距增大,在深部切割了 F_{10} 断层。

（4）新庄断层。与龙泉寺断层并列的北东向正断层(见图 1-3),北起王坪村,向南延出勘察区,出露长度 8 km,断层走向北东 35°,倾向南东,倾角地表 70°,深部变缓 45°,地表可见到 P_2^2、P_2^3 地层被错开,深部有 5701、5803 孔揭露,断距 70~200 m,由南向北断距增大。

（5）贾沟断层。位于石道东北至黄城村,断层走向北西 30°,倾向不详,走向长约 10 km,在张家村附近地表可见平顶山砂岩(P_2^2)与三叠系(T_1)紫红色砂泥岩相接触,断距大于 400 m,向北切割月湾断层。

（6）玉皇庙断层。位于登封县城,向北至巩县关帝庙,向南至韩界头附近,走向长约 30 km,断层走向北西 30°倾向东北,倾角 70°。地面在玉皇庙村见元古界石英岩(Pt)被错开,东北盘向北移动约 1 km,在北旨村 T_1 与 T_3 相接触。在唐窑村附近,震旦系石英砂岩与寒武系中、上统石灰岩相接触。断层面倾向北东,断距大于 800 m,两侧破碎带 20～50 m 宽,导水,该断层是芦店滑动构造的西部边界。

(7)中岳庙断层。位于中岳庙—嵩阳观一线,走向北西 50°,倾向北东,倾角 70°,长约 10 km,落差不详,中岳庙西北断层两盘石被错开,断层角砾岩明显,破碎带宽 36 m,并形成断层崖,断面倾角 85°。

中岳庙断层和玉皇庙断层为嵩山平移断层的两个分支。该断层卫片影像十分清晰,假彩色合成和密度片分割中线性特征明显,垂直断距最大 1 000 m,水平位移 1 km,切过月湾等断层。

(8)芦店滑动构造。西起白坪和玉皇庙断层,东延至大隗镇附近,东西长约 27 km,南北宽 8～13 km,面积 220 km²,滑动构造下盘主要由部分山西组及其以下底层组成,上盘主要由部分山西组及其以上地层组成。

滑动断裂面西北翼在焦家沟、寨脖、阎沟一线;南翼在天桥湾、养钱池、王楼煤矿、祖师庙、窑坡山、石淙河、庙坡一带,均可见三叠系红色岩层或上二叠统土门组杂色岩系与山西底部或太原组地层呈断层接触,地表见到的是高角度正断层,向深部沿二₁煤层顶板附近软弱层中滑动,倾角变缓,在剖面上滑动断裂面呈两端翘起中间下弯的舟状形态(见图 2-4)。

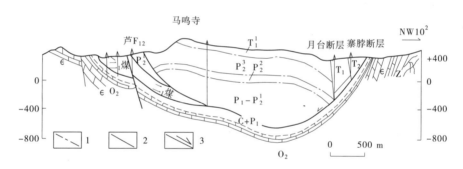

1—地层界线;2—煤层;3—正断层

图 2-4　芦店滑动构造勘探线剖面图

滑动构造在浅部往往伴生着与主滑面平行的次滑面,向深部交于主滑面上,破碎带厚度 3.01～84.94 m。滑动系统岩层在滑动过程中形成有宽缓背斜和断裂,不穿越主滑面以下地层,因此二₁煤层得以保存。

(9)石庙正断层。位于坡景山—红石岩一线,断层走向北东 30°,倾向西北,倾角 70°,延伸大于 7 km。在石庙村附近地表见到寒武系地层明显不连续,上盘 ϵ_2 地层产状:倾向 310°,倾角 68°;下盘 ϵ_1 地层产状:倾向 170°,倾角 26°,断层破碎带宽一般为 20～50 m。

上盘为寒武系碳酸盐岩与下盘地层分别为元古界(Pt)变质岩系,震旦系石英砂岩和寒武系下统(ϵ_1)紫红色泥岩、薄层灰岩相接触,断失地层 400～1 000 m。该断层向北延展切过荟萃岭背斜,断距增大;向南在岳窑附近由 ZK5086 孔揭露,切断数条近东西方向断层,据分析十个导水构造。荟萃岭背斜西翼的该断层两盘碳酸盐岩岩溶裂隙水,沿该断层破碎带形成向西南流的地下水径流带,到西磨河村附近涌出地表成为白沙泉。

二、工程地质实习教学资源

工程地质学是调查、研究、解决与各种工程建设有关的地质问题的科学,它是地质学的一个分支,也是一门涉及土木工程、水利工程、交通运输工程、采矿工程、市政工程、环境工程以及军事工程的专业基础课,应用极其广泛。地质灾害是指自然产生和人为诱发的,对人民生命财产和安全造成危害的地质现象。针对建设工程的专业特点,登封工程地质实践教育必须引导学生牢固树立工程地质服务于工程建设的思想,必须深入了解地质条件对工程建设的影响,必须初步掌握各种地质灾害的防治措施。实习区具有罕见的不良地质现象,现分述如下。

1. 岩质边坡的变形破坏

少林水库坝西头溢洪道两岸均为人工开挖形成的高危边坡,由嵩山组的石英岩与石英云母片岩组成,岩石的结构面(主要为节理与片理)极其发育,因此风化后松弛张裂现象严重。西岸入水口发育一个由两组断层面构成的滑坡。滑体规模较小,滑动面长52 m、高24 m,滑动线不清,已被表土所覆盖(见图版Ⅱ-1)。边坡滑动导致大量水土流失,从而影响坡底溢洪道的泄洪能力,针对以上地质情况,少林水库管理局拟采取坡面锚喷治理措施,保证溢洪道两岸边坡的稳定。

此外,郑少高速公路 + 25 km 处东侧,发育一个由近直立断层构成的滑坡,滑体长33 m,高76 m,岩性为寒武系块状灰岩。为保证高速公路的正常通行,公路管理局对断层上盘边坡实施人工放坡,总计土石量达一万余方(见图版Ⅱ-2)。以上两个滑坡均由坚硬块裂岩体构成,产生原因均为多组不同产状的断层切割所致。

2. 三皇寨节理岩体与泥化夹层

三皇寨太古代辉绿岩属海底火山喷发,是嵩山地区最古老的岩石。岩中发育大量开放式剪节理,节理面平直,产状稳定,裂隙率为81.5%,最大线密度为10 条/m,这种由节理岩体构成的碎块状边坡,是风景区道路安全的最大隐患(见图版Ⅱ-3)。经节理实测与统计,主要有三组节理:(1)走向 NE10°～20°和 NE60°～70°剪节理最为发育,构成 X 型共轭节理(见图版Ⅱ-4);(2)走向 NW280°的剪节理较为发育;(3)走向 EW 的张节理少量发育,但透水性强,是地下水的主要渗漏通道。

此外,节理岩体中发育一处宽约20 cm 的泥化夹层。该软层呈黄褐色,性极软,锤击甚至手抓即破碎,野外遇水后迅速呈糨糊状。走向与道路延伸方向垂直,上部较陡而下部转缓(见图版Ⅱ-5),对园区道路尚不构成威胁。

3. 库区边坡的蠕变与崩塌

软岩具有较大的流变性,因此边坡破坏方式为长时间的蠕变。三皇寨太古代辉绿岩遭受强风化后,形成本区罕见的软岩,由其构成的山坡变形严重,风化软岩沿与母岩辉绿岩的界面产生蠕变,其上长有大片"醉汉林"(见图版Ⅱ-6)。

边坡崩塌也是一种常见的地质灾害,一般发生于山区地势陡峻部位,岩石多为坚硬的刚性块裂岩体。三皇寨园区公路的边坡崩塌发育于坚硬的太古代灰绿岩中,最大的崩落体约3 m³,是松弛张裂和重力滑动长期作用的结果(见图版Ⅱ-7)。

4.园区道路开挖段的边坡堆积体

登封市区至三皇寨风景区的园区道路,沿山区古河道阶地逆行而上,两岸为中高山系,相对高差较大。道路的一侧为高峡深谷,另一侧则为壁立千仞的高山。山坡一侧发育众多的第四系堆积体(见图版Ⅱ-8),对公路的安全运行构成较大的危险。堆积体以灰—灰黑色块碎石土为主,块状,一般厚度数十米,块碎石成分单一,以灰绿岩为主,粒径一般100~250 cm,个别孤块石直径达1 500~3 000 m,呈次棱—棱角状。孔隙中局部充填黄褐色泥沙,分选极差,为地史时期山区河流的岸坡洪积物。

5.高速公路路基的不均匀沉降

郑少高速公路+25 km处为深挖与高填的过渡部位,由于岩石地基与填土地基的压缩性能差别甚大,导致严重的路基不均匀沉降,在路面表现为一系列横向裂缝密集分布(见图版Ⅱ-8)。软土地基部位的路面中央尚发育一纵向宽裂缝(见图版Ⅱ-9),路基边坡经回填反压,纵裂缝宽度已得到有效控制。

三、水文地质实习教学资源

经过长期的野外教学与野外实习,我们认为,嵩山世界地质公园同样是进行水文地质实习的理想场所,可以观察山区河流和山前平原河流的侵蚀堆积作用、河谷地貌以及冲积物特点;了解和掌握山区及冲、洪积扇地下水的补给、径流、排泄特征;了解少林水库的用途及其与地下水的补给关系;了解水源地的选择和保护,饮用水的处理与输送;观察不同岩性(软岩和硬岩)和不同构造部位裂隙发育情况;了解泉水的出露和形成特点。总而言之,嵩山世界地质公园的水文地质教学资源的开发是十分必要的,也是十分可行的。

1.区域含水层的划分与了解

河南省气候属大陆性半干旱亚湿润气候带,特点是冬春干旱,夏秋湿润,降雨多集中在7、8、9月三个月,曲线呈三角峰形,占全年降水量的60%以上。根据地下水赋存条件、水力特征、岩性特征以及与主采层之间的空间关系,将园区含水层划分为第四系松散孔隙含水层、碎屑岩类裂隙含水层和碳酸盐岩类岩溶裂隙含水层三大含水岩组。

(1)第四系松散岩类孔隙含水层。

园区内新生界第四系松散土层广泛分布,厚度0~15 m,局部20 m。由于缺少足够的水源补给,赋水性较差,不能作为区域性供水层位。

具有供水意义的含水层唯独河谷漫滩与阶地,主要分布在大金店以东颍河河谷。除受南北山区基岩裂隙水补给外,还与地表水呈季节性互补关系,含水丰富,常有泉点出露。

(2)碎屑岩类裂隙含水层。

碎屑岩类裂隙含水层主要由区域二叠系砂岩组成,总厚度一般为70 m。岩性以中粗粒、中细粒长石石英砂岩为主,有时底部有厚度较小的砾岩,富水性及透水性一般。

(3)碳酸盐岩类岩溶裂隙含水层。

嵩山世界地质公园灰岩含水层可分为石炭系太原群(C_3)岩溶裂隙含水层和寒武奥陶系($\epsilon+O$)灰岩岩溶裂隙含水层。石炭系上统太原组灰岩岩溶裂隙含水层分布于太原组下段和上段的灰岩,一般有10层以上,单层厚度不大,总厚度一般为30~40 m。上段灰岩为中等含水层,有一定的供水意义。

∈+O灰岩岩溶含水层为园区主要含水层,溶隙溶洞发育,临近园区的雪花洞风景区曾揭露8.8 m高的溶洞。富水性极强,但不均匀,为本区具有真正意义的供水层。

变质岩类隔水层主要由太古界、元古界的片岩、片麻岩、石英岩组成,分布在山区(见图版Ⅱ-10)及山麓地带,含水性极不均匀,完全取决于裂隙发育程度,无供水意义,常常构成区域性隔水边界。

2.第四纪地质地貌观察与分析

嵩山世界地质公园,发育众多类型的地貌单元,主要有山地(前寒武系变质岩)、丘陵(古生界沉积岩)、山前平原(第四系松散层)以及河谷地貌(第四系松散层)。以嵩阳书院观察点为例,古建筑群就位于山前平原中的某一洪积扇中,该洪积扇西北高、东南低,总体坡向南东,属典型的山麓斜坡堆积地貌。第四纪更新世,西北嵩山山谷(即颍河上游)中的洪流携带大量碎屑物质向山前平原泄洪,从而形成扇形地质体。

洪积扇由第四系松散的卵(碎)石、圆(角)砾、漂(块)石、砾砂和黏性土构成,常常以不同的颗粒形状及粒径比例组成不同的混合土(见图版Ⅱ-11)。各混合土层厚度变化极大,难以区分及对比,完全符合洪积扇中土粒级配和层次结构的典型特征。此外,少林水库下游发育典型的河谷地貌。水库建成后,虽然经历过开垦开挖等人工破坏,但河床、河漫滩、阶地等河谷地貌(见图版Ⅱ-12)依然清晰可见。

3.地下水的补给与径流排泄

嵩山世界地质公园的地质地貌特征对园区水文网的控制具有明显的方向性。嵩山和箕山分别成为东西向展布的一级分水岭,构成本区大气降水渗入补给场的南北边界。与其走向一致的颍阳—芦店向斜在地形上为低洼的山间盆地,正好汇集两翼的地表水与地下水,并沿东南方向在告成一带向白砂向斜盆地排泄。

(1)地下水的补给。

嵩山、箕山分水岭一带的高中山区为基岩区,大面积出露古老变质岩与花岗岩。但岩石裂隙极不发育,植被稀少,且地形起伏较大,雨水易形成地表径流,因而几乎无地下水补给。

箕山背斜北翼低中山区和告成以东大冶、王村一带丘陵地区,广泛出露寒武、奥陶系灰岩和白云质灰岩,地面发育大量的溶槽、溶沟与溶隙,地下水补给条件十分优越。

松散岩类含水层主要分布在芦店向斜核部的河谷盆地中。上游属山麓堆积,以残坡积物居多,局部有新老第三系半固结的泥岩和砂质泥岩。这些岩层出露部位地形相对较高,沟谷切割厉害,地下水补给条件较差。而中下游颍河河谷地段,广泛出露砂砾石层,地形平坦,植被发育,是园区地下水的主要补给区段。

(2)地下水的径流排泄。

嵩山地区为一南、北、西三面高围,向东一面开口的畚箕形地形。储水地质构造为一东西向展布且略向东倾伏的承压向斜,由此可见,区内地下水分水岭与地表水分水岭基本吻合,地下水流向与地表水流向也基本一致。受区域东西向地形与地质构造影响,大气降水渗入地下后首先沿地层倾向至中部盆地汇集,然后沿断裂走向和地层走向向东运移。

地下水的排泄形式主要有点状排泄、线状排泄与面状排泄三种:

点状排泄主要表现为基岩裂隙水在运移途中受沟谷切割,常以下降泉形式排泄出地表,都为季节性泉点,流量不大。岩溶水在径流途中当遇到隔水层或隔水断层时,常常以上升泉的形式溢出地表,流量较大且四季皆有。

线状排泄形式主要表现为颍河两岸第四系空隙潜水的排泄。由于河流切割,两岸堆积阶地中的砂砾含水层出露地表,地下水沿河流切割线泄于地表,但洪水季节将会出现短时的倒灌现象。

面状排泄主要指地面蒸发和植物叶面的蒸腾作用,嵩山地区地下水埋藏较深,蒸发作用较弱,因而也没有什么面状排泄。

四、结束语

嵩山世界地质公园保存有大量的工程地质、水文地质遗迹,从而构成完整的野外地质教学体系。上述罕见的教学科普资源,为学生了解区域工程地质条件,分析地下水的补给与径流排泄,乃至研究第四纪剥蚀夷平等地质过程提供了坚实的物质基础。这部完整的由岩石、地层以及构造变形构成的地球历史教科书,对普及地球科学知识、探索自然科学奥秘都具有重大的现实意义和深远的历史意义。

第三章 云台山世界地质公园地质实习资源

一、地质概况

云台山世界地质公园位于河南省西北部焦作市境内,地理坐标:东经112°44′40″~113°26′45″;北纬35°11′25″~35°29′40″,海拔为142~1 308 m,由云台山、青龙峡、峰林峡、青天河、神农山五大园区组成。公园沿太行山南麓呈北东—南西方向延伸,面积556 km²,其中核心区面积323 km²,是世界罕见的超大型地质公园。公园地质遗迹类型有地质地貌景观、水体景观、典型地质剖面、古生物景观、地质灾害遗迹景观、地质工程景观、典型矿床及采矿遗迹景观等,其中尤以水文地质景观最为典型。园区丰富的地下水资源,峻秀的侵蚀地貌以及众多的河流水源地,早已被编入日本、韩国等东亚国家的地理教科书。2004年2月13日,云台山被联合国教科文组织评为全球第一批世界地质公园,我国获此项殊荣的,在当时仅有八家。

云台山位于东亚裂谷系中部,一个重要的盆地—山地相隔排列的地貌带上,太平洋板块的碰撞抬升作用与河流的侵蚀作用形成了以群峡间列、长脊长墙为特色的云台地貌景观。公园内三大类岩石发育齐全,而且连续出露35亿年以来太古代、元古代、古生代、中生代和新生代五个地质历史时期的地层,被地质界称为"五代同堂"。随着科研工作的深入,大量新的地质遗迹景观点相继被发现,其中太古代34亿年锆石的新发现,对于研究中朝板块古陆核的形成和地史演化有重要意义。红石峡、潭瀑峡、泉瀑峡、青天河、神农山等景区,皆为以裂谷构造和水体景观为主、以自然生态和人文景观为辅,集科学价值与美学价值于一身的综合旅游景区。可以说,云台山世界地质公园为探索与开发地质地貌的野外教学资源、科普教育资源乃至学术研究资源提供了天然实验室。

二、基础地质实习教学资源

云台山世界地质公园园区出露有大量典型的基础地质资源(如岩石、地层、构造)。该区三大类岩石出露齐全,尤以沉积岩分布最为广泛,主要景点都能见到。如云台天瀑等景观主要成景岩石——寒武系石灰岩剖面中,既有反映静水环境的隐晶质灰岩(见图版Ⅲ-1),又有反映动水环境的鲕状灰岩(见图版Ⅲ-2)与竹叶状灰岩(见图版Ⅲ-3);元古宙云梦山组红色砂岩(见图版Ⅲ-4)是红石峡的主要成景岩石,其中泥裂(见图版Ⅲ-5)、波痕(见图版Ⅲ-6)等层面构造非常发育。

出露于红石峡科普旅游线路入口处,位于云梦山组底部的薄层凝灰岩(见图版Ⅲ-7)代表着一次全球性的火山热事件,这一发现对研究元古代全球Rodinia超大陆的聚合事件、地质灾变与环境演变以及事件之一的秦岭洋盆的运动特征都有着极其重要的科学价值。

三、第四纪地貌实习教学资源

云台山世界地质公园是以裂谷构造、水体景观为主,以自然生态和人文景观为辅,集科学价值与美学价值于一身的综合地质公园。华北地台的吕梁运动塑造了云台山地区的结晶基底,为风化剥蚀作用提供了物质条件;燕山运动奠定了云台山地区的构造骨架,为原始地貌格局提供了雏形;喜马拉雅运动加剧了云台山不断隆起与剥蚀的矛盾运动。断层破碎带、密集的构造节理以及众多的软弱层在外力作用下遭到强烈破坏,形成众多宽窄、深浅不同的沟谷;成景地层多由产状水平的石英砂岩与灰岩组成,经过强烈的构造抬升与风化剥蚀的联合作用,使诸峰在海拔200 m标高处拔地而起,立壁千仞,险峻清秀,奇峰异谷遍布全区,形成独特的地形地貌景观。

1. 构造剥蚀地貌

1)裂谷地貌

太平洋板块碰撞引起的张裂作用,造就了云台山世界地质公园的高山深谷。神农山主峰地区的龙脊长城就是两条张裂谷之间的山脊(见图版Ⅲ-8),似云中青龙,又像天然长城,蜿蜒十余千米,最窄处仅二十余米,与两侧的深谷组合成典型的地垒构造,在国内地学界实属罕见。

2)断崖地貌

太行山地区正断层极其发育,常常组合成地堑构造,除形成裂谷地貌外,在两侧山腰出露一系列近直立的断层面,呈现所谓的阶梯状断崖地貌(见图版Ⅲ-9)。

2. 河流侵蚀地貌

1)峡谷地貌

红石峡堪称自然界峡谷中的精品,既有与世界第一大峡谷美国科罗拉多大峡谷相似的外观,又有国内外稀有的碧水丹崖(见图版Ⅲ-10),属典型的河流侵蚀地貌。与科罗拉多大峡谷相比,红石峡谷具有以下特征:①地壳构造抬升强烈,因而两岸谷坡陡峻,近于直立;②河流破坏以底蚀作用为主,因而峡谷狭窄,宽度仅为几米至二十米,深度却达150余m;③河流阶地极不发育,仅在软岩部位存在侧蚀作用,形成人行匣道(见图版Ⅲ-11)。

2)河间地块与河床地貌

青天河峡谷受断裂控制,曲折迂回,外观上形成马蹄形转弯,地貌上形成河间地块(见图版Ⅲ-12)。云台山特殊的地质地理条件,造就了中国北方罕见的山区河床地貌,呈现如泉(见图版Ⅲ-13)、溪(见图版Ⅲ-14)、瀑(见图版Ⅲ-15)、潭(见图版Ⅲ-16)等神奇水体景观。

四、水文地质实践教学资源

1. 园区地下水补给条件

云台山世界地质公园属大陆性半干旱亚湿润气候带,冬春干旱,夏秋湿润,降雨多集中在7、8、9月三个月,曲线呈三角峰形,占全年降水量的60%以上。公园具有典型的华北型水文地质单元特征,产状近水平的寒武系、奥陶系灰岩,广泛出露于山区地表,接受大气补给后构成含水层主体。上部石炭系太原群薄层灰岩层位稳定,与奥陶系灰岩仅隔50～100 m,共同构成区域充水网络。在漫长的地质时期中,可溶性碳酸盐岩逐渐被融蚀,形成了广袤的储水空间。此类岩溶地下水储藏量大,运移复杂,常常以高水头向南侧山前平原径流、排泄,成为与园区毗邻的焦作矿区煤矿开采的主要威胁。

2. 园区地下水径流排泄条件

焦作矿区位于太行山南麓,紧邻公园地下水补给区,是我国闻名的大水矿区。深部煤矿采掘破坏了岩体的天然平衡状态,为山区地下水提供了广袤的排泄空间。由于主采二叠系山西组二$_1$煤层,距下伏石炭系太原组 L$_8$ 石灰岩仅十几米,煤层底板在强大水压(1 000余 m 水头)和围岩垂直压力的共同作用下发生变形与破坏,使大量岩溶水沿构造裂隙或采动裂隙涌入矿坑,既给煤矿采掘带来了极大危险,同时又造成了地下水资源的大量流失。

据资料统计,该矿区奥灰和太灰水患严重,自开采之时起水患即连绵不断。建矿以来,大小突水事故近千次,近 100 m^3/min 以上突水就达 7 次。目前全局矿井总涌水量达 400 ~ 500 m^3/min,最高达 589.92 m^3/min,富水系数 66.3 m^3/t。频繁的突水事故,严重威胁着矿井安全生产,增加生产成本,仅九里山井田 1990 年的排水电费即高达 400 多万元,水害已成为制约焦作矿区发展的重要障碍。

目前,排泄到矿井的各类地下水(即矿井水)仅被煤炭洗选、电厂冷却、群众生活和小规模的饮品加工所利用,总量在 1 300 万 t/a,利用率不足 10%。大量矿井水排出矿区后多用于农田灌溉,其余部分排入海河水系。从保护水资源这个战略角度看,矿井水存在着较大的可利用潜能。

3. 地下水综合利用

(1)矿井水水质特征。

焦作矿区的矿井水主要来源于奥陶系石灰岩含水层,矿井水水质与奥灰水水质相同,为重碳酸－钙镁型水。其硬度、硫酸盐含量在矿区西部明显高于矿区东部,这主要与地下水的补给、径流条件有关,也反映了地下水在某区域范围内循环活动的强度特征。另外,由于受采矿活动的影响,矿井水铁离子含量、悬浮物含量,生化指标、色度等水质指标大大高于天然岩溶水水质的同类指标。

(2)矿泉水水质特征。

有关研究成果表明,云台山风景区局部地下水有望成为矿泉水而得到开发利用。南部焦作矿区自西向东通过布置 1$^\#$ ~ 5$^\#$ 监测点,对矿井水水质进行监控。水样经权威部门测试分析,2$^\#$ 和 5$^\#$ 两点位水样锶的天然含量均达到国家标准,而其他矿物质指标均低于国家标准。2$^\#$ 和 5$^\#$ 矿井水所含的有益矿物质成分及含量见表 3-1。其自大到小的排序为:

2$^\#$ Sr > H$_2$SiO$_3$ > 矿化度 > I > Li > Br > Zn > Se > 游离 CO$_2$

5$^\#$ Sr > H$_2$SiO$_3$ > 矿化度 > I > Li > Br > Zn > 游离 CO$_2$ > Se

表 3-1　2$^\#$和 5$^\#$矿井水有益矿物质含量(据陆勇敢等,2001)　　　　(单位:mg/L)

项目	Li	Sr	Zn	Br	I	H$_2$SiO$_3$	Se	矿化度	游离 CO$_2$
2$^\#$	<0.03	0.66	0.02	0.10	<0.05	15.60	0.000 7	588.60	15.23
5$^\#$	<0.04	0.41	0.01	0.12	<0.05	16.01	0.000 1	565.74	12.70
国际	>0.20	>0.40	>0.20	>1.00	>0.20	>25.00	>0.01	>1 000	>250
2$^\#$比值	0.15	1.65	0.10	0.10	0.25	0.62	0.07	0.59	0.06
5$^\#$比值	0.20	1.03	0.05	0.12	0.25	0.64	0.01	0.57	0.05

对矿区北部地下水补给带进行进一步实地调查后,除焦作市的龙洞、云台山和老龙潭外,还有新乡市辉县的万仙山,泉水水质结果见表3-2。

表3-2 泉水矿物质成分含量(据陆勇敢等,2001)　　　　　　　　(单位:mg/L)

地点	Li	Sr	Zn	Br	I	H_2SiO_3	Se	矿化度	游离 CO_2
赵庄	0.005	0.48	0.005				0.000 4	446.10	8.10
万仙山	0.020	0.35	0.005	<0.10	<0.1	10		361.00	
老龙潭	0.050	0.07	0.05	0.012	0.05	9.36	0.000 2	312.07	2.49
云台山	0.050	0.06	0.05	0.017	0.05	8.62	0.000 1	322.57	2.49

从表3-2看出,园区中部的赵庄和万仙山泉水中的锶含量达到或接近国家天然矿泉水标准,而东部的云台山、老龙潭泉水中的锶含量分别为 0.06 mg/L、0.07 mg/L,远远低于国家天然矿泉水标准。因此,必须进一步做好矿泉水富集带的预测工作,为焦作市综合开发利用矿井水提供技术支持。

4. 地下水开发前景

(1)根据调查范围内样品的初步分析结果,可以判定焦作地下水矿物质成分较为丰富。国家标准《饮用天然矿泉水》(GB 8537—2008)中规定,地下水锶元素含量只要达到国家矿泉水标准,其他矿物质的含量指标可以达不到国家矿泉水标准。因此,焦作矿区的地下水有美好的矿泉水开发前景。

(2)矿泉水成矿位置受区域水文地质条件所控制,具有明显的条带性和稳定性。

(3)地下水对含碳酸锶岩层的溶解是焦作地区含锶型矿泉水的形成原因,而地下水补给、径流和物理化学等条件的相对简单,则导致成矿作用具有一定的规律性。

(4)随着矿区原煤产量减少,矿务局必须走多种经营的发展道路。一方面利用焦作地下水和四大怀药的绝对优势,互补开发具有地方特点的系列饮品并投放市场;另一方面利用国家南水北调工程,将丰富的矿井水调至北京、天津等地。据专家测算,南水北调工程每调 1 t 水到北京、天津等地,价格在 3～5 元。如调矿井水北上,每调节出 1 亿 t 矿井水,就可获得经济效益 3 亿～5 亿元。因此,矿井水利用工程必将成为焦作及焦作矿区新的经济增长点。

五、结束语

云台山世界地质公园以水体景观与地貌景观为特色,保存有大量地质遗迹,从而成为科普地质地理教育的理想场所。上述罕见的教学科普资源,为人们了解区域地质地貌条件,分析地下水的补给与径流排泄,乃至研究第四纪剥蚀夷平等地质过程提供了坚厚的物质基础。这部完整的由岩石、地层以及构造变形构成的地球历史教科书,对普及地球科学知识、探索自然科学奥秘都具有重大的现实意义和深远的历史意义。

第四章　渑池韶山地质公园地质实习资源

岩溶是侵蚀性地下水对碳酸岩、石膏、岩盐等可溶性岩石以化学溶蚀为主的一种地质作用及其形成的各种地质现象。在南斯拉夫的喀斯特(Karst)地区,岩溶现象十分典型,因此把岩溶又称为"喀斯特"。岩溶作用所产生的地上和地下的各种形态叫作岩溶地貌。常见的地表岩溶地貌有石芽、石林、峰林、喀斯特丘陵等喀斯特正地形,溶孔、溶沟、落水洞、盲谷、干谷、喀斯特洼地等喀斯特负地形;地下喀斯特地貌有溶洞、地下河、地下湖等;以及与地表和地下密切相关的竖井、芽洞、天生桥等。

岩溶地区岩石突露、奇峰林立。但自然界确实存在其他不同成因且形态上类似喀斯特的现象,学术上称为假喀斯特(即假岩溶),包括碎屑喀斯特、黄土和黏土喀斯特、热融喀斯特和火山岩区的熔岩喀斯特等。它们不是由可溶性岩石构成的,在本质上不同于喀斯特。

河南省渑池县东北部,距黄河大约 5 km 处,有一片占地面积近 30 km² 的山区,它距洛阳市 100 km,郑州市 200 km,地理位置为北纬 34°36′~35°05′,东经 111°33′~112°01′(见图 4-1)。这里的山水充满着神秘诡异的色彩——嶂谷、奇峰与怪洞,它就是以奇美的景色而闻名天下的仰韶大峡谷。

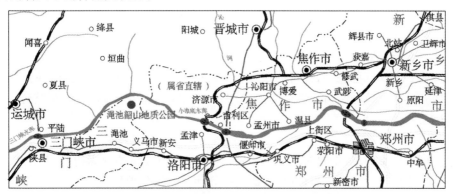

图 4-1　河南三门峡渑池韶山省级地质公园交通位置图

仰韶大峡谷位于举世文明的仰韶文化发祥地——河南省三门峡市渑池县境内,是韶山省级地质公园的重要组成部分,主要由仙侠、神龟峡、龙虎峡与金灯峡四条峡谷组成,全长 30 华里❶。峡谷内奇石林立,色彩斑斓。目前共标记奇石 540 余块,其中象形石 128块、花纹石 314 块、其他观赏石近百块。

一、峡谷区域地质背景

峡谷大地构造位置处于华北陆块南缘,崤山山脉北端,华熊台缘坳陷渑池—确山陷褶

---

❶ 1 华里 = 1 里 = 500 m。

断束西段,黛眉—东沃隆褶断新区。邻区地质遗迹资源极其丰富,都属省级、国家级,在国内外都具有极高的地位。

区域地层属华北地层区豫西地层分区,渑池—确山地层小区。区内出露的地层有中元古界熊儿群、汝阳群,青白口系洛峪群,下古生界寒武系、奥陶系,上古生界石炭系、二叠系,中生界三叠系、侏罗系和白垩系,新生界第三系和第四系。

1. 成景地层

成景地层中元古界汝阳群分布于整个峡谷,下与中元古界熊耳群呈不整合接触,上与上元古界洛峪群呈角度不整合接触,岩性以碎屑岩沉积为主。依据岩性组合、沉积建造及区域地层特征,区内汝阳群由下而上划分为云梦山组、白草坪组和北大尖组,各组之间为整合接触。

1)云梦山组(Pt_2y)

该组为汝阳群最下一组,在石峰峪和五凤山景区有分布。该组不整合覆于马家河组之上,根据沉积旋回和含矿特征等将本组划分为上、下两段:

(1)下段(Pt_2y^1):主要岩性为肉红色、灰白色厚层条带状不等粒石英砂岩,夹砾岩。底部为砾岩、砂砾岩,厚103~529 m,其中交错层理及波痕发育。

(2)上段(Pt_2y^2):主要岩性为浅紫红、灰白色石英砂岩,薄—厚层状,具条带状构造,波痕及交错层理发育,下部有1~3层红色不等粒石英砂岩,较疏松,底部为不稳定的透镜状砾岩和赤铁矿层,厚度一般为5~45 m,最厚477 m,本层是划分上、下段的主要标志。

2)白草坪组(Pt_2b)

该组在韶山园区内有出露。主要岩性为紫红色粉砂质页岩,夹白云质石英砂岩及石英砂岩,厚50.6~214.8 m,与下伏云梦组整合接触。

3)北大尖组(Pt_2bd)

岩性主要为淡红色、灰白色石英砂岩、长石石英砂岩,夹灰绿色海绿石石英砂岩,上部夹白云质石英砂岩及砾屑白云岩透镜体,厚128.4~411 m,与下伏白草坪组整合接触。

2. 地质构造

1)褶皱构造

景区褶皱构造简单,主要有黛眉寨背斜,为一向四周倾斜的穹窿构造,其核部在段村乡四龙庙一带由熊耳群火山岩构成,翼部由中元代—古生代地层组成。北、北西翼地层多被断层破坏,地层序列不完整,南、东翼地层一般保存完整,地层序列清楚,由核部向外依次出露汝阳群、寒武—奥陶系地层。岩层走向为北西西,倾向南,倾角由核部向南逐渐增大,即16°~35°。

2)断裂构造

断裂构造分布于该区北、西部山区的基岩裸露区,它破坏了地层的完整性,形成了一些断块和地垒构造,造成地层多次重复出现。大于4 km的断层30多条,这些断裂多发生在燕山期或喜马拉雅期。现将园区附近一些主要断裂阐述如下:

(1)西山底正断层(F_1)。该断层呈近东西向展布,东自新安峪里,向西经东山底、渑池西山底、涧口,再向西越过黄河进入山西境内,渑池具境内全长约20 km,至涧口一段,地貌上形成陡崖,多被第四系地层覆盖,断裂带较宽。在西山底东见30 m宽的破碎带,断层倾向北,倾角大于70°,为高角度正断层。断距大于1 000 m,断层切割了云梦山组、寒武系和二叠系地层。

(2)坡头正断层(F₅)。南自坡头,向东北经东庄沟、下中关、上涧、小南庄、关底、院沟,到西山底与断层F₁相交。总体呈北东向展步,全长约26 km,该断层较复杂,断层线波状弯曲,多处被北西向断层截切干扰。在坡头—东庄沟一段,断层走向45°,倾向北西,倾角70°,断距500~800 m,多呈陡崖地貌,在东庄沟—小南庄一段,断层走向转为20°~30°,倾向北西,并被北西向断层截切或相交,断层截为数段。在关底一带断层被第四系地层覆盖。该断层切割熊耳群、汝阳群及寒武—奥陶系地层,严重破坏了地层的完整性。在坡头以南断层被第四系地层覆盖。

二、峡谷地貌实习教学资源

走进仰韶大峡谷,让人感到这里的景色与周围低矮起伏的山峦相比大不相同,两侧到处是方展如屏、高耸直立的悬崖嶂壁(见图版Ⅳ-1);还有拔地而起、傲然挺立的孤峰(见图版Ⅳ-2)、石柱(见图版Ⅳ-3)与峰丛(见图版Ⅳ-4);各种奇石相形如物,栩栩如生,鬼斧神工,浑然天成,如石屋(见图版Ⅳ-5)、天桥(见图版Ⅳ-6)、将军石(见图版Ⅳ-7)与雄狮头(见图版Ⅳ-8);尤其令人称奇的是,峡谷两侧的石英砂岩上分布着大大小小、形状各异的怪洞(见图版Ⅳ-9),与岩溶(喀斯特)地貌有几分相似。那份巧夺天工之感,仿佛让人来到了南方清秀美丽的桂林山水,的确给仰韶大峡谷的景色增添了几分神秘色彩。可以说,在近30 km²的范围内,集中分布着如此种类众多、形态各异的"假岩溶"奇观,这在我国乃至世界的名山大川中实属罕见。

那么,仰韶大峡谷奇特的"假岩溶"地貌景观背后,到底隐藏着怎样的神奇身世?究竟是什么力量塑造了这里怪异神秘的容颜?近年来,许多人对这里的地貌风景的成因产生了种种猜测与推想。

三、"假岩溶"地貌的成因

1. "怪洞"的成因

构成仰韶大峡谷砂岩峰林地貌的岩石及岩石组合类型,主要有两种:单一的浅红色石英砂岩和紫红色粉砂质页岩夹白云质石英砂岩及白云岩透镜体。前者为巨厚层,质纯,岩层厚度 >150 m,石英含量85%~95%,其胶结物多为硅质,岩石化学稳定性好,具较强的抗风化能力,因此构成峰柱的基座很坚固。后者岩性较杂,赋存于巨厚层石英砂岩中,常呈薄层状和条带状,有一定的地层层位。因其胶结物中含有钙质,抗风化侵蚀的能力较弱,易于风化剥蚀,形成众多大小不一的空洞。另一方面,相对性软的互层岩石也有利于单个峰柱的雕塑造型,形成众多栩栩如生的拟人拟物的各种象形山石,如将军石与雄狮头(见图版Ⅳ-7、图版Ⅳ-8)。

发生在距今19.5亿年前后的中条运动,结束了本区地槽活动的历史。中朝准地台结晶基底形成,整个华北地区上升为陆,遭受剥蚀夷平。从此以后,韶山地区进入相对稳定的准地台——盖层发育阶段。但这一地史时期的地壳运动具有高频振荡的特点,在此背景下形成了汝阳群上部北大尖组与白草坪组含白云质石英砂岩及砾屑白云岩透镜体。这种地震环境下由砂土液化形成的"震积岩"是一种非常宝贵的地学教学资源,对研究华北地台地壳运动和沉积古地理环境变迁具有重要的学术意义。

2. 砂岩峰林成因

1) 节理和断层

仰韶大峡谷构造位置处黛眉寨背斜核部,在强烈的拉张应力作用下,垂直张节理极其发育,这是园区形成砂岩峰林地貌的根本原因。区内共发育五组节理。这些节理在平面上将岩层切割成方形、菱形或多边形,构成"网状"结构。岩层中发育完全、切割较远的垂直大节理有二组(NE、NW 向),节理发育密集,具显著的等距性,间距一般 5 ~ 10 m。这种节理构造是以柱状为主的峰林景观的主要形成原因。

2) 岩层产状

岩层的产状是形成石英砂岩峰林地貌景观兀立巍峨的基础。石英砂岩峰林地貌景观集中分布于黛眉寨背斜核部区域,岩层倾角较小,一般 <10°,产状平缓使得岩层稳定性较好,岩体之间不易产生重力滑动与崩塌,有利于峰林地貌的保存。

3) 新构造运动

在漫长的地质历史时期中,古老的中原大地经历了嵩阳—中条、加里东、海西、印支、燕山、喜山及新构造运动。区内新构造运动较强烈,主要表现为新生代以来的垂直升降运动,水平运动不太明显。自晚第三系以来,喜马拉雅运动频繁活动,造成地壳多次升级,使一些早期断裂复活,地层被剥蚀切割,形成了现在的中山、低山、丘陵、谷地等呈台阶状级梯下降的地貌特征。特别是第四纪以来的新构造运动,使原来的平原变为高山,高山又夷为平地,尔后地壳又再度上升,如此往复,峡谷内仍保存完好的剥蚀–沉积阶地遗迹,是反映地球历史和构造运动的真实记录。

4) 风化作用

新构造运动的间歇性抬升、掀斜,使景区山体遭受强烈风化剥蚀。仰韶大峡谷风化作用的主营力是地面流水。流水通过底蚀和侧蚀作用,不断蚀去坡面上的风化产物,使风化得以不断进行。沿垂直张节理的流水侵蚀,冰期及间冰期融冻,化学及生物化学等多种外营力的作用,造成重力崩塌,形成了仰韶大峡谷的雏形。流水的侧蚀作用往往在软岩带或水平断层带掏出层状岩槽,使上覆岩层悬空,现改造为顺断层面的人行栈道(见图版Ⅳ-10)。

四、结束语

砂岩峰林地貌与砂岩"假溶孔"现象是豫西仰韶大峡谷的特色景观。形成景区峰林地貌的外部条件是广泛发育的垂直节理,而物质基础是中元古界汝阳群中—厚层海相石英砂岩。该套岩性形成于稳定的陆缘浅海环境,所塑造的地貌形态类似于我国张家界,但发育在古老坚硬的元古界地层,这在我国乃至全世界实属罕见。此外,与丹霞地貌中的红色砂砾岩相比,"震积岩"除颜色鲜艳外,尤其是分布其中的"怪孔",更是带有几分神秘、庄重与峥嵘,是我国地学界宝贵的岩石观赏与野外科普教学资源。

第五章　野外工程地质实习方法指导

一、实习目的与要求

野外地质实习是工程地质课的重要教学环节之一,其目的在于使学生加深对地质理论的理解,在获得感性知识的过程中使理论与实际结合起来,并进行野外地质工作基本技能的训练。通过野外实习可以开阔眼界,对培养学生掌握地质思维方法,提高学生观察问题、分析问题和解决问题的能力将起重要作用。

为保证野外实习的顺利进行,并取得良好成绩,特提出以下要求:

(1)要以严肃认真的态度对待野外实习,在现场注意听指导老师的讲解,并按实习要求进行观察和测量,认真整理资料,不涂改原始数据,精心完成实习作业。

(2)严格遵守纪律,按时整队出发,按时归队,不得擅自离队,整理作业时间不上街游玩,有事必须向老师请假。

(3)注意安全,在山上不许嬉笑打闹、攀登陡崖。爱护仪器设备,丢失或损坏者照价赔偿,严禁下湖游泳,确保人身安全。

二、实习地点及内容

实习地点以南湾水库为例,实习内容为:

(1)认识南湾水库坝址区的地层岩性。

(2)野外识别褶皱、断裂等主要地质构造现象。

(3)通过观察地质现象理解地壳运动及地质作用的含义。

(4)了解南湾水库的主要工程地质问题及其处理措施。

(5)学习一般野外地质工作方法,主要包括以下内容:

①地质罗盘的使用方法;

②实测地质剖面(300 m);

③节理统计(东坝头);

④赤平投影方法在分析边坡岩体稳定方面的应用(溢洪道)。

要求每人提出实习成果一份(实测地质剖面图、节理统计图、赤平投影图各一张),并作为评定地质实习成绩的考核依据。

三、时间安排

包括水工认识实习及往返路途共十天,地质实习的时间安排及内容见表5-1。

表 5-1　地质实习时间安排及内容

时间		地质实习内容		
月　　日		上午	下午	晚上
月　　日		1. 介绍南湾地区地质概况(包括地质图阅读分析); 2. 介绍地质实习方法(包括罗盘使用方法)	1. 阅读资料 2. 分组活动	
月　　日		水工 1 班……(A)	整理实测资料及绘图	
		水工 2 班……(B)	整理实测资料及绘图	
月　　日		水工 1 班……(B)	整理实测资料及绘图	
		水工 2 班……(A)	整理实测资料及绘图	
月　　日		水工 1、2 班……(C)		
月　　日		实习总结、编写实习报告		
月　　日		乘车返郑		

注:实习内容(A)—泄洪洞实测地质剖面;(B)—坝肩节理统计;(C)—溢洪道边坡稳定分析。

四、野外实习工作方法

(一)节理(裂隙)统计

为迅速查明节理的分布规律,在水利工程勘察中需要在现场进行节理统计。最常见的节理统计图为"节理走向玫瑰图",其统计方法及计算步骤如下。

1. 统计点的选择

(1)统计点应选择在水工建筑物的重要地段,如大坝坝肩、隧洞的进出口及坝区的边坡等处。本次实习选在南湾水库东坝头元古界变质岩地层中。

(2)统计点的节理分布与发育规律有一定的代表性。

(3)统计面积一般为 1~16 m²(本次实习可选用 2~4 m²)。

(4)用粉笔在岩壁上画出统计范围。

2. 节理测量

在统计范围内,依次测量各条节理的产状,并记录在表 5-2 中。

3. 节理的走向分组

将野外测量分组按表 5-3 的格式,以 10° 为一区间进行节理分组,并统计每组节理条数,计算每组节理的平均走向(一般采用区间中值)。

4. 统计最发育一组节理的倾向与倾角

将表 5-3 中最多的一组节理,分别统计出不同的倾向、倾角及条数并记录在表 5-4 中。

表 5-2　节理野外测量记录表

节理序号	节理类型	节理产状			节理填充及延伸情况	条纹
		走向	倾向	倾角		

表 5-3　节理走向分组表

走向 NE			走向 NW		
走向区间	平均走向	条数	走向区间	平均走向	条数
1°~10°			271°~280°		
11°~20°			281°~290°		
21°~30°			291°~300°		
31°~40°			301°~310°		
41°~50°			311°~320°		
51°~60°			321°~330°		
61°~70°			331°~340°		
71°~80°			341°~350°		
81°~90°			351°~360°		

表 5-4　最发育节理倾向角分组表

最发育节理的走向		
倾角	倾角分组	条数

5. 作图

（1）作半圆使其半径＝最发育一组的条数（最多的条数），并画出表示节理长度的同心圆。本次实习规定半圆半径为 4 cm。

（2）在半圆周上按方向角 10°间隔划分刻度，用以表示节理走向区间。

（3）据表 5-2 资料将各走向区间的条数点在半圆的相应位置上。

（4）连接相邻组的点成玫瑰花形（相邻组无点时则与圆心相连）。

（5）在最发育一组的半径方向上引出一条直线（长度为 2 cm），并将此直线等分成 9 等份表示节理倾角，其顶端作一垂线（长度 3 cm）表示节理倾向和节理的条数。

（6）在玫瑰花图的圆周上，标出河流的方向及建筑物轴线（大坝轴线）的方位。在图的下部注明统计地点、统计面积、统计时间及作者，格式见图 5-1。

（二）实测地质剖面

实测地质剖面是地质调查及工程施工中不可缺少的一项工作。通过实测地质剖面可以系统地建立一个工作区或某一水库、坝址等工程项目地层的标准分层，了解建筑情况，对工作地区的地质条件有一个总的认识。

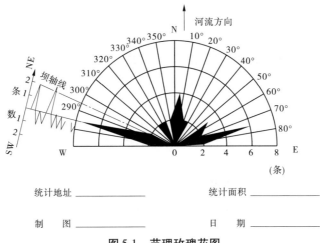

统计地址 _____   统计面积 _____

制　图 _____   日　期 _____

图 5-1　节理玫瑰花图

1. 实测地质剖面的任务

(1)查明各类岩石的层序及厚度。

(2)系统了解地层岩性、化石、变质程度、风化程度、沉积旋回等规律。

(3)查明各时代底层的接触关系。

(4)查明地质构造、水文地质及工程地质条件。

2. 实测地质剖面位置的选择

1)选择的原则

(1)对于某工作区,应选择在露头良好、地层齐全、分布连续、构造简单、层序清晰、化石丰富、岩性组合及厚度均有代表性的地段。

(2)对于某项工程,应沿工程轴线或横断面方向,由具体目的而定。

2)剖面的分类

(1)自然剖面:露头良好的山坡、沟谷的侧壁等。

(2)人工剖面:人工揭露的壕堑、铁路、公路、水渠的边坡及侧壁。

3)实测地质剖面的要求

剖面线方向要尽量垂直,基本垂直地层走向和主要构造线方向。如受条件所限,当地形变化使剖面线方向不能沿着一个直线方向,也不能完全与地层走向垂直时,也要求剖面线方向与地层走向的夹角 γ 不小于60°,以尽量减少对倾角的歪曲。

举例来说,当倾角为45°时,若 γ 角为40°54′,用这个视倾角画在图上歪曲还不大,若 γ 角为80°,则视倾角为26°33′,歪曲就很大了。

3. 实测地质剖面的具体方法

(1)踏勘、做好准备工作。

A.实测剖面位置确定以后,应沿剖面线方向进行详细踏勘,了解剖面线穿越地段应观测的地质现象,初步确定地层单位的划分。按地形、地质条件及比例尺选择点,即在地形变化的地方、剖面线转折的地方、分层的地方、产状变化的地方、构造线上都要选为测点。若按精度要求一般在图上每1 cm至少要有一个测点,如1∶500的比例尺就是每5 m至少一个测点,1∶2 000比例尺就是每20 m至少有一个测点。若地层换层较多、产状变化较大或构造复杂还要加密测点。

B. 做好测点标记,如打木桩、写编号。

C. 制订工作计划、做好组织分工、准备所需物资,如地质罗盘、皮尺、记录表、铅笔、地质锤、放大镜等。

(2)实测分工(按每组6~7人)。

A. 组长:负责全面的组织工作、分派任务、检查工作。

B. 前后测手(2人):主要任务是拉皮尺测平距、测导线方位角。若有坡度则测得的是斜距,还有方位角。

C. 后测手拉着皮尺的起点,并负责测导线的方位角。方位角是后测手向前测手方向看的方位,用罗盘的长照准合页指向前测手,与反光镜的镜线重合、读北针所指的度数。

D. 前测手选导线点,应选在地形转折的地方,如上、下坡、剖面线转折等部位,地层变化的地方、构造线上。选好导线点后,拿着皮尺边走边放直到选好的导线点上、读数即为平距或斜距。将测得的数据,包括地层、构造线代号、平距等及时报告给记录员。

(3)地质观察员(2~3人)。主要任务为:分层、描述岩性特征、测岩层及构造的产状,及时报告给记录员,要交代清楚。如:g^{4-3},倾向153°、倾角47°。F_{16}断层,倾向190°、倾角70°等。

(4)记录员(1人)。将测手和地质观察员测得的数据,包括平距、方位角、分层位置、岩性描述、产状等准确地记录在表格上。标准记录表中的各项有:

导线号: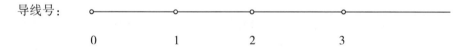

起点高为0,依次为0—1导线,1—2导线,2—3导线,表示一段距离。

斜距L:实际测得的距离。

水平距D:斜距在平面的投影,$D = L\cos\alpha_1$

高差ΔH:两点间的高度差 $\pm \Delta H = L\sin\alpha_1$

L、D、ΔH 三者的关系见图5-2。

累积高差:$\sum \Delta H_n$ $n = 1, 2, 3, \cdots$

导线方向与岩层走向的锐夹角 γ 见图5-3。

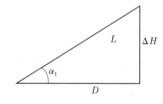

图5-2 L、D、ΔH 的关系

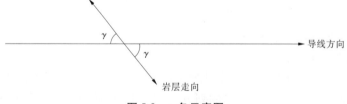

图5-3 γ 角示意图

视倾角 β:当导线方向与岩层走向不垂直时,作图时要将真倾角换算为视倾角。要求当 $\gamma < 70°$ 时换算。这次测剖面因剖面线方向基本上是正北0°,所以走向为70°~290°,

也就是倾向在 $160° \sim 200°$ 之间是 $\gamma > 70°$，不用换算视倾角，在最后一段因剖面线转折，方位角改变，则另当别论。

最后强调一下，我们这次所测的方位角和岩层倾向都是所测目标指向的方向，所以要记住这句话：当长标指向和层面倾向及所测方位相同时，读北针，反之读南针。

组长要画随手剖面（见图5-4），以备核对及作图。我们这次所用的记录表根据实际情况作了简化（见表5-5、表5-6），其记法如下：

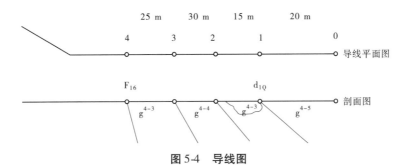

图 5-4　导线图

表 5-5　实测剖面记录样表

导线号	导线方位	平距（m）	累积平距（m）	层位构造代号	产状			岩石名称
					倾向	倾角	视倾角	
0—1	165°	20	20	g^{4-5}	175°	45°		细砂岩
1—2	195°	15	35	d_{1Q}				坡积物，下部为泥岩
2—3	275°	30	65	g^{4-4}	180°	50°		石英中砂岩
3—4	125°	25	90	g^{4-3}	160°	50°		长石粗砂岩
4	205°			F_{16}断层	170°	70°		
4—5	215°	10	100	g^{4-2}	175°	42°		砂质泥岩

注：1. 坡积物不量产状，只记平距。

2. 断层在两个导线之间，所以不量平距，只记产状。

4. 实测地质剖面图编制方法

将实测的地形地质资料在室内认真整理，确认无误后，可以编制实测地质剖面图。因剖面线是水平的，省去了斜距与平距的换算，地质剖面画一条直线，省略了两端的高程标尺，只需将该换算的视倾角换算好，平距累加好，以后的步骤有：

（1）写图名及比例尺。

（2）按累积平距画地形剖面线。剖面线两端画竖线，标上剖面线的方向。

（3）画图例，统一规格，均匀布局，$7\ mm \times 14\ mm$，由新地层到老地层，最后是构造及其他，写上岩石名称及地层代号。

（4）以坝轴线为起点，将各个地层的分界点、断层的位置按实测平距标在剖面线上。

表 5-6　实测剖面记录表

导线号	导线方位	平距（m）	累积平距（m）	层位、构造代号	产状			岩石名称
					倾向	倾角	视倾角	

（5）用红笔画出断层、标上代号，用粗实线将各地层分界线画出，如 $\gamma < 70°$，则用换算后的视倾角画。

（6）用波浪线画流纹斑岩的边界，用虚线画推测的坡积物边界，填绘岩性符号。

（7）将各地层间用逐渐过渡的方式填绘岩性符号，若断层作为分层线，则岩性符号可与断层相交。在其中间留出空间写上地层代号,写不下也可以放在适当地方。

(8)标上产状,岩性符号用一条线相连。

(9)写上制图者、日期等。附详图一张供参考(见图5-5)。

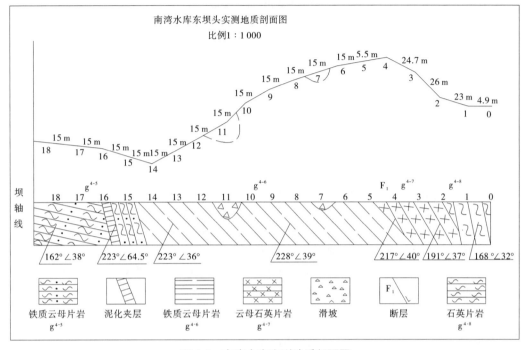

图 5-5　南湾水库实测地质剖面图

(三)赤平投影图的图示图例

用赤平投影方法分析岩质边坡稳定问题。赤平投影图的格式及分析见图5-6。

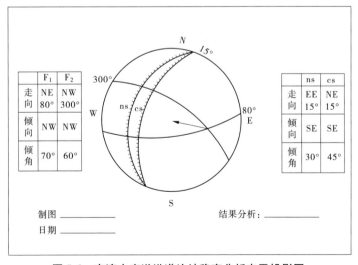

图 5-6　南湾水库溢洪道边坡稳定分析赤平投影图

参 考 文 献

［1］崔冠英．水利工程地质［M］．北京：中国水利出版社，2000．

［2］赵温霞．周口店野外实践教学体系研究［M］．武汉：中国地质大学出版社，2004．

［3］胡修文．土木工程岩土工程方向周口店地质实践教学探讨［J］．中国地质教育，2005（2）：62-65．

［4］张达．北戴河地质认识实习教学方法浅析［J］．中国地质教育，2005（2）：72-74．

［5］胡杰，赖须龙．野外教学实习中的地质思维教育［J］．中国地质教育，2002，（2）：39-41．

［6］王志荣，陈玲霞，肖丽霞．河南信阳南湾水库工程地质实习教学方法探讨［J］．中国电力教育，2011
（2）：131-132．

［7］赵逊．云台山主要景观地学背景研究（云台山地貌成因）［M］．北京：地质出版社，2005．

［8］赵逊．云台地貌研究——中国云台山世界地质公园的地学基础（汉英合编本）［M］．北京：地质出
版社，2006．

［9］南京大学水文地质工程地质教研室．工程地质学［M］．北京：地质出版社，1982．

［10］王志荣．河南省煤矿水害防治探讨［J］．地质灾害与环境保护，1994，5（3）：21-24．

［11］王志荣，石明生．矿井地下水害与防治［M］．郑州：黄河水利出版社，2003．

［12］陆勇敢．焦作矿井水矿物质成分调查与利用途径探讨［J］．中州煤炭，2001，112（4）：24-25．

［13］唐云松，陈文光，朱诚．张家界砂岩峰林景观成因机制［J］．山地学报，2005，23（3）：308-312．

［14］黄林燕，朱诚，孔庆友．张家界岩性特征对峰林地貌形成的影响研究［J］．安徽师范大学学报：自
然科学版，2006，29（5）：484-489．

［15］彭华．中国丹霞地貌研究进展［J］．地理科学，2000，20（3）：203-211．

［16］朱诚．福建冠山丹霞地貌成因及旅游景观特色［J］．地理学报，2000，55（6）：679-688．

图版 I

图版 I-1. 流纹斑岩，沿碳质绢云母片岩层面侵入，岩体内见捕掳体，而围岩中则见析离体；

图版 I-2. 钙质粉砂岩，灰白色，层理发育，质硬性脆；

图版 I-3. 泥岩和页岩，褐黄色，层理发育，性软可塑；

图版 I-4. 铁质云母片岩，褐黄色，节理发育，局部见层理，质硬性脆；

图版 I-5. 碳质绢云母片岩，色杂，大部为灰黑色，性软可塑，局部见蠕动变形；

图版 I-6. 软岩边坡蠕动变形形成的"醉汉林"；

图版 I-7. 震旦系砂岩段；

图版 I-8. 震旦系泥岩段；

图版 I-9. 东坝肩铁质云母片岩中张节理，节理面有地下水渗透；

图版 I-10. 东坝肩铁质云母片岩中剪节理，节理面平直光滑，无地下水渗漏；

图版 I-11. 电厂东侧断层崖与断层三角面；

图版 I-12. 东坝头剥离断层，断层面上的摩擦镜面和擦痕依然清晰；

图版 I-13. 水上运动中心短轴背斜；

图版 I-14. 水上运动中心短轴向斜；

图版 I-15. 坝西头溢洪道西岸入水口边坡的松弛张裂；

图版 I-16. 坝西头溢洪道东岸滑坡；

图版 I-17. 坝西头溢洪道西岸滑坡；

图版 I-18. 东坝肩泥化夹层；

图版 I-19. 东山口附近的边坡崩塌体；

图版 I-20. 溢洪道河床冲刷；

图版 I-21. 南湾水库泄洪洞工程；

图版 I-22. 云母片岩弱风化带；

图版 I-23. 下游自然洞口施工工地；

图版 I-24. 上游南洞口强风化岩；

图版 I-25. 仰坡锚杆、锚索及喷射混凝土加固；

图版 I-26. 上游人工洞口施工工地；

图版 I-27. 南湾水库大陆冰川沉积剖面；

图版 I-28. 冰川角砾岩中所含的漂卵石。

图版Ⅰ-1

图版Ⅰ-2

图版Ⅰ-3

图版Ⅰ-4

图版 I-5

图版 I-6

图版 I-7

图版 I-8

图版 I-9

图版Ⅰ-10

图版Ⅰ-11

图版Ⅰ-12

图版Ⅰ-13

图版Ⅰ-14

图版Ⅰ-15

图版 I -16

图版 I -17

图版 I -18

图版Ⅰ-19

图版Ⅰ-20

图版Ⅰ-21

图版Ⅰ-22

图版Ⅰ-23

图版Ⅰ-24

图版Ⅰ-25

图版Ⅰ-26

图版Ⅰ-27

图版Ⅰ-28

图版 II

图版 II-1. 少林水库溢洪道西岸岩质边坡滑动；

图版 II-2. 郑少高速公路+25km处东侧，直立断层构成的滑坡；

图版 II-3. 三皇寨太古代节理岩体；

图版 II-4. 三皇寨太古代X型共轭节理；

图版 II-5. 节理岩体中的泥化夹层；

图版 II-6. 软岩蠕变与"醉汉林"；

图版 II-7. 三皇寨园区公路的边坡崩塌体；

图版 II-8. 三皇寨园区公路一侧的第四系堆积体；

图版 II-9. 郑少高速公路+25km处的沉降裂缝；

图版 II-10. 山区变质岩类隔水层；

图版 II-11. 嵩山地区第四系松散土层；

图版 II-12. 少林水库大坝下游河谷地貌。

图版 II-1

图版 II-2

图版 II-3

图版 II-4

图版 II-5

图版 II-6

图版 II-7

图版 II-8

图版 II-10

图版 II-9

图版 II-11

图版 II-12

图版Ⅲ

图版Ⅲ-1. 寒武系隐晶质灰岩；

图版Ⅲ-2. 寒武系鲕状灰岩；

图版Ⅲ-3. 寒武系竹叶状灰岩；

图版Ⅲ-4. 元古宙云梦山组红色砂岩；

图版Ⅲ-5. 层面构造之一——泥裂；

图版Ⅲ-6. 层面构造之二——波痕；

图版Ⅲ-7. 云梦山组底部的薄层凝灰岩；

图版Ⅲ-8. 神龙山主峰地区的龙脊长城；

图版Ⅲ-9. 云台山地区阶梯状断崖地貌；

图版Ⅲ-10. 云台山红石峡谷；

图版Ⅲ-11. 地壳相对稳定时期河流侧蚀作用形成人行栈道；

图版Ⅲ-12. 青天河侵蚀作用形成的河间地块；

图版Ⅲ-13. 寒武系底部灰岩中的接触泉；

图版Ⅲ-14. 典型的山区河流源头——小溪；

图版Ⅲ-15. 发育于寒武系地层中的云台天瀑；

图版Ⅲ-16. 典型的山区河流河谷地貌——潭。

图版Ⅲ-1

图版Ⅲ-2

图版Ⅲ-3

图版III-4

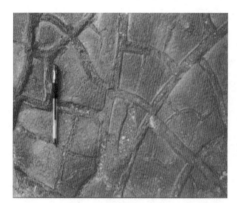

图版III-5

图版III-6

含凝灰质泥岩

图版III-7

图版III-8

图版III-9

图版III-10

图版III-11

图版III-12

图版III-13

图版III-14

图版III-15

图版III-16

图版 IV

图版 IV-1. 悬崖嶂壁；

图版 IV-2. 孤峰；

图版 IV-3. 石柱；

图版 IV-4. 峰丛；

图版 IV-5. 石屋；

图版 IV-6. 天桥；

图版 IV-7. 将军石；

图版 IV-8. 雄狮头；

图版 IV-9. 怪洞；

图版 IV-10. 人行栈道。

图版 IV-1

图版 IV-2

图版 IV-3

图版 IV-4

图版 IV-5

图版Ⅳ-6 图版Ⅳ-7

图版Ⅳ-8 图版Ⅳ-9

图版Ⅳ-10